JN060201

一度読んだら
絶対に忘れない

CHEMISTRY
TEXTBOOK

化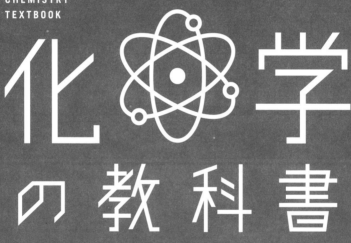学

の教科書

左巻健男

はじめに 化学は "原子を主役にしたストーリー" で学べ!

　40年以上にわたり、私は教師として中学と高校で理科の科目を教えていましたが、じつは、私自身は高校まで理科が苦手でした。

　まず、化学という科目の特徴をあげるとすると、計算と、覚えるべき用語の両方がたくさん登場する点でしょう。

　化学を同じ理系科目と比較してみると、計算が中心の物理と、用語の暗記が中心の生物のちょうど中間のような内容です。計算だけができるようになってもダメですし、用語を全部覚えただけでも足りません。

　そう考えると、化学は物理や生物に比べて一見とっつきやすそうに思えて、じつはちょっとやっかいな科目なのです。

　でも、化学が苦手になる最大の原因は、他にあります。

　かつての私自身も含め、化学が苦手になってしまう人に足りないのは、ズバリ、**イメージ**です。

　そもそも、化学に限らず他の科目でも、イメージをもつことは大切ですが、**特に化学はリアリティをもって内容をイメージできるかどうかが大きなカギを握る**のです。

　なぜかというと、化学の内容のほとんどが、実際に見ることができないからです。

　日常生活において、私たちの目に見えているのは、マクロ(マクロスコピック＝巨視的)な世界です。

　一方、化学に登場する原子、分子、イオンなど、物質をつくっている粒子の世界は、肉眼では見ることができないミクロ(ミクロスコピック＝微

視的）な世界なのです。そのため、化学を自分たちの日常生活とは無縁の遠い世界の話だととらえてしまいがちです。

　そして、自分たちには関係のない世界の話だととらえてしまった瞬間、化学の内容が数字や記号だらけの無味乾燥のシロモノになって、学ぶことが苦痛になってしまうというわけです。

　そこで本書では、高校化学の内容をよりイメージしやすくなるしかけとして、**原子を主役にして各単元を大胆に再構成し、解説しています。**

　さらに、**化学者たちによる原子の探究の歴史を織り交ぜることで、たんなる化学入門書ではなく、化学読み物としての性格ももたせています。**

　実際に化学という学問は、まさに化学者たちによる原子の探究の歴史の産物です。

　本編で改めて詳しくお話ししますが、化学者と原子の物語は、古代ギリシアの哲学者たちによる「すべてのものは何からできているか？」という問いに端を発しています。そして、古代から17世紀まで2000年間にわたって栄えた錬金術を経て、化学者たちによって原子の探究が科学的なアプローチで行われるようになったことで、ミクロの世界の解明が一気に加速したのです。

　学生時代、化学が苦手だった人や、つまらないと思っていた人、化学を食わず嫌いで終わってしまった文系の人が、本書を読み終えたときに、化学のイメージが180度変わっていることを祈っています。

左巻 健男

一度読んだら絶対に忘れない 化学の教科書 CONTENTS

序章 原子とは何か？

第1章 原子の組み替え

第2章 周期表ができるまでの 化学の歴史

第3章 化学の"道案内の地図" 周期表

第4章 無機物質の世界

第5章 密度やモルなどの量と計算

第6章 酸・塩基と酸化還元

第7章 有機物の世界

第7章のあらすじ 226

人工的な有機物
有機物を無機物からつくることに成功 228

なぜ、化学が苦手な人が多いのか?

 高校で化学を選択する人は多い。ところが……

　高校理科には、全員が必修の科目がありません。

　それでも高校時代、物理、化学、生物の中で、生物と化学を選択したという人が多いのではないでしょうか。

　選択者が一番多い理科の科目は生物で、僅差で化学が2番です。

　化学が2番目である理由は、1つに理系、文系ともに受験科目に使いやすいことが挙げられます。

　2つ目の理由としては、一見、物理と比べると抽象的な内容や複雑な計算が少なく、また生物と比べると覚えなくてはならないことが少なく思えるので、化学は3科目の中で比較的学習しやすそうな科目という印象を持たれるのでしょう。

　ところが、実際に化学を学んでみると、まったくの見当違いであることに気がつきます。

　なぜなら、化学は物理のように抽象度の高い内容が多いうえに計算もたくさんあり、また、生物のように記憶しなければならないことがたくさんあるからです。

　そして、「こんなはずではなかった……」と慌てふためいた結果、「よし!すべて丸暗記してしまおう!」と考えてしまう人が多いのです。

　当然、意味をよく理解しないまま用語や概念、計算式を丸暗記するような学習をしても、化学に対する理解を深めることはできません。

　こうして、化学が苦手という人が量産されてしまうのです。

図 H-1 化学が苦手な人が多い理由

物理は計算が大変そう……。
生物は暗記が多そう……。
よし、化学にしよう！

でも、
実際は…

化学式

化学
反応式

$C_3H_8 + 5O_2 \rightarrow 3CO_2 + 4H_2O$

H_2SO_4

計算問題

物質名

化学式や化学反応式、物質名の"丸暗記"に押しつぶされて、
化学の面白さを感じる前に挫折してしまう……

化学は「原子」のストーリーで学べ！

 化学は原子分子のイメージが頭に浮かぶように学ぶ

　では、化学はどのように学べばよいのでしょうか？

　化学をひと言で表すなら、**物質が"化ける"ことを研究する学問**といえます。化学の世界では、「物質が化ける」ときの変化を化学変化といいます。化学変化の身近な例を1つ出してみます。たとえば、バーベキュー。炭に火をつけると、真っ赤になって燃えていき、あとにわずかな灰が残ります。この物質の変化を化学変化の視点で見たのが右ページの図H-2です。

　まず、炭は莫大な数の炭素原子からできています。**空気中の酸素は、酸素原子が2個結びついた酸素分子からできています。**炭に火をつけると化学変化が始まり、**炭素原子と酸素分子がぶつかって、酸素分子の酸素原子の間に炭素原子が割り込んだ二酸化炭素分子に変わります。**二酸化炭素分子は「酸素原子 - 炭素原子 - 酸素原子」というように結びついた1つの分子です。このように、**化学は私たちの身の回りの物質の変化について、原子や分子の化学変化というミクロの視点で理解する学問**なのです。

　ただ、物質の変化を見てみるといっても、現在、**名前がついている地球上の物質は2億種類を超えている**といわれています。2億種類余りの物質を1つひとつ取り上げて化学変化を見ていくことが化学の勉強なら、時間がいくらあっても足りません。

　でも、安心してください。じつは、膨大な種類の物質をつくっているのは、人工元素約30種類を除くと、たった90種類の元素（原子の種類）なのです。つまり、**90種類の原子に注目し、物質がどのように"化ける"のかを学ぶことで、理解をより深めることができる**のです。

図 H-2 マクロの世界をミクロの視点でイメージ

酸素分子
酸素原子
びゅん！
びゅん！
炭素原子の集まり
びゅん！

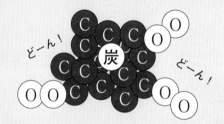

バーベキューの火を化学変化の視点で見てみると……

①炭素原子（炭）と、空気中の酸素分子がぶつかる

どーん！
どーん！

②２つの酸素原子（＝酸素分子）の間に炭素原子が割り込んだ二酸化炭素分子に変わる

 ＋ →

炭素原子（C）　　　酸素分子（O_2）　　　二酸化炭素分子（CO_2）

15

"化学の道案内の地図" 周期表

 原子の種類（元素）は周期表にまとめられている

　90種類の原子を中心にした化学の学びの旅において、世界史における世界地図、日本史における日本地図のように、**貴重な地図の役割**を果たしてくれるものがあります。

　それが、**元素の周期表**です。

　まず、周期表の横の列を周期、縦の列を族といいます。

　周期表にある元素は原子の原子番号（原子核の陽子の数）の順に並んでいます。

図 H-3　元素の周期表

族\周期	1	2	3	4	5	6	7	8	9
1	1 H 水素 1.008								
2	3 Li リチウム 6.941	4 Be ベリリウム 9.012							
3	11 Na ナトリウム 22.99	12 Mg マグネシウム 24.31							
4	19 K カリウム 39.10	20 Ca カルシウム 40.08	21 Sc スカンジウム 44.96	22 Ti チタン 47.87	23 V バナジウム 50.94	24 Cr クロム 52.00	25 Mn マンガン 54.94	26 Fe 鉄 55.85	27 Co コバルト 58.93
5	37 Rb ルビジウム 85.47	38 Sr ストロンチウム 87.62	39 Y イットリウム 88.91	40 Zr ジルコニウム 91.22	41 Nb ニオブ 92.91	42 Mo モリブデン 95.94	43 Tc テクネチウム (99)	44 Ru ルテニウム 101.1	45 Rh ロジウム 102.9
6	55 Cs セシウム 132.9	56 Ba バリウム 137.3	57～71 ランタノイド	72 Hf ハフニウム 178.5	73 Ta タンタル 180.9	74 W タングステン 183.8	75 Re レニウム 186.2	76 Os オスミウム 190.2	77 Ir イリジウム 192.2
7	87 Fr フランシウム (223)	88 Ra ラジウム (226)	89～103 アクチノイド	104 Rf ラザホージウム (267)	105 Db ドブニウム (268)	106 Sg シーボーギウム (271)	107 Bh ボーリウム (272)	108 Hs ハッシウム (277)	109 Mt マイトネリウム (276)

```
1    ……… 原子番号
H    ……… 元素記号
水素  ……… 元素名
1.008 ……… 原子量
```

原子番号が93番以上の元素や43番のテクネチウム、61番のプロメチウムは天然に存在せず、人工的に合成された元素です。

周期表に整理されている118種類の元素から、人工元素を除くと90種類になります。

 ## 周期表を丸暗記する必要はない

周期表といえば、学生時代に左上の原子番号1の水素（H）から20番目のカルシウム（Ca）まで、語呂合わせで丸暗記した経験がある人は多いのではないでしょうか。

しかし、周期表は苦労してわざわざ丸暗記をしようとしなくても、じつは**90種類の原子を中心にした学びを通して、ある程度までは"自然"と頭に入ってしまう**ものなのです。

なぜかというと、**周期表にある元素の「配置」には、すべて意味がある**からです。

10	11	12	13	14	15	16	17	18
								2 He ヘリウム 4.003
			5 B ホウ素 10.81	6 C 炭素 12.01	7 N 窒素 14.01	8 O 酸素 16.00	9 F フッ素 19.00	10 Ne ネオン 20.18
			13 Al アルミニウム 26.98	14 Si ケイ素 28.09	15 P リン 30.97	16 S 硫黄 32.07	17 Cl 塩素 35.45	18 Ar アルゴン 39.95
28 Ni ニッケル 58.69	29 Cu 銅 63.55	30 Zn 亜鉛 65.38	31 Ga ガリウム 69.72	32 Ge ゲルマニウム 72.53	33 As ヒ素 74.92	34 Se セレン 78.97	35 Br 臭素 79.90	36 Kr クリプトン 83.80
46 Pd パラジウム 106.4	47 Ag 銀 107.9	48 Cd カドミウム 112.4	49 In インジウム 114.8	50 Sn スズ 118.7	51 Sb アンチモン 121.8	52 Te テルル 127.6	53 I ヨウ素 126.9	54 Xe キセノン 131.3
78 Pt 白金 195.1	79 Au 金 197.0	80 Hg 水銀 200.6	81 Tl タリウム 204.4	82 Pb 鉛 207.2	83 Bi ビスマス 209.0	84 Po ポロニウム (210)	85 At アスタチン (210)	86 Rn ラドン (222)
110 Ds ダームスタチウム (281)	111 Rg レントゲニウム (280)	112 Cn コペルニシウム (285)	113 Nh ニホニウム (278)	114 Fl フレロビウム (289)	115 Mc モスコビウム (289)	116 Lv リバモリウム (293)	117 Ts テネシン (293)	118 Og オガネソン (294)

周期表の元素の「配置」には すべて意味がある!

 物質は大きく金属と非金属に分けられる

　約90種類のうち、じつは8割以上が金属元素です。金属元素だけからできている物質は「金属」と呼ばれます。金属には、共通して次の特徴があります。

1. 金属光沢があり、電気や熱をよく伝える
2. 叩くと板状にうすく広がる（展性）
3. 引っ張ると延びる（延性）

非金属には、このように共通した特徴はありません。

 典型元素と遷移元素

　周期表の横の列、第1周期には水素HとヘリウムHeの2つの元素があり、第2、第3周期には、それぞれ8つの元素があります。

　周期表の縦の列、1、2、13、14、15、16、17、18族の元素を典型元素といいます。**典型元素は、同じ族の原子の最外殻電子の数が同じで、化学的性質が似ている**という特徴があります。第3周期までは全部典型元素で、それぞれの元素の原子内の電子の配置が規則的です。原子同士がどんな結びつき方をするかがわかりやすいため、まずは原子番号1～18番（第1～第3周期）までは横の順と縦の重なりを頭に入れておきましょう。次に、典型元素以外を遷移元素といいます。**遷移元素には、同じ周期（横並び）の元素の性質が似ている**という特徴があります。

図 H-4 周期表の配置から元素の性質がつかめる

金属元素と非金属元素

族 周期	1	2	3	4	5	6	7	8	9	10	11	12	13	14	15	16	17	18
1	H																	He
2	Li	Be											B	C	N	O	F	Ne
3	Na	Mg											Al	Si	P	S	Cl	Ar
4	K	Ca	Sc	Ti	V	Cr	Mn	Fe	Co	Ni	Cu	Zn	Ga	Ge	As	Se	Br	Kr
5	Rb	Sr	Y	Zr	Nb	Mo	Tc	Ru	Rh	Pd	Ag	Cd	In	Sn	Sb	Te	I	Xe
6	Cs	Ba	ランタ ノイド	Hf	Ta	W	Re	Os	Ir	Pt	Au	Hg	Tl	Pb	Bi	Po	At	Rn
7	Fr	Re	アクチ ノイド	Rf	Db	Sg	Bh	Hs	Mt	Ds	Rg	Cn	Nh	Fl	Mc	Lv	Ts	Og (未定)

非金属元素

金属元素

元素は、金属元素が**8**割以上！

遷移元素と典型元素

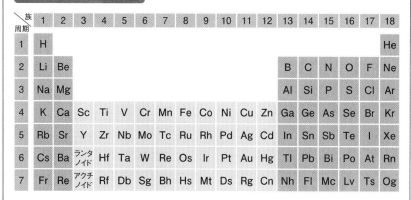

族 周期	1	2	3	4	5	6	7	8	9	10	11	12	13	14	15	16	17	18
1	H																	He
2	Li	Be											B	C	N	O	F	Ne
3	Na	Mg											Al	Si	P	S	Cl	Ar
4	K	Ca	Sc	Ti	V	Cr	Mn	Fe	Co	Ni	Cu	Zn	Ga	Ge	As	Se	Br	Kr
5	Rb	Sr	Y	Zr	Nb	Mo	Tc	Ru	Rh	Pd	Ag	Cd	In	Sn	Sb	Te	I	Xe
6	Cs	Ba	ランタ ノイド	Hf	Ta	W	Re	Os	Ir	Pt	Au	Hg	Tl	Pb	Bi	Po	At	Rn
7	Fr	Re	アクチ ノイド	Rf	Db	Sg	Bh	Hs	Mt	Ds	Rg	Cn	Nh	Fl	Mc	Lv	Ts	Og

遷移元素
3～12族の元素。同じ周期(横並び)の元素の性質が似ている(12族元素は、遷移元素に含める場合と含めない場合がある)

典型元素
同じ族(縦並び)の原子の最外殻電子の数は同じで、化学的性質が似ている

典型元素は族ごとに特徴がある

　さきほど、典型元素は族ごとに化学的性質が似ているとお話ししました。典型元素である1族、2族、17族、18族の元素の特徴は、右の図の通りです。

　水素（H）を除く1族の元素は**アルカリ金属**といいます。陽性で、単体は反応性に富む軽い金属です。

　次に、ベリリウム（Be）、マグネシウム（Mg）も含む2族の元素は**アルカリ土類金属**といいます（Be、Mgを除く場合もある）。陽性で、単体はアルカリ金属に次いで反応性に富む金属です。

　17族の元素は**ハロゲン**といいます。陰性の元素で、単体は原子が2個結びついた分子（2原子分子）です。

　18族の**貴ガス**については、この本を読んでいるみなさんの中には「希ガス」と教わった人が多いでしょう。

　18族の元素であるアルゴンは、空気中に1％弱含まれています。乾燥空気に含まれる元素の割合は窒素78％、酸素21％、アルゴン0.93％であるため、アルゴンは希少とはいえない存在量があります。

　そこで、「貴ガス」は英語で別の元素と反応しにくい「高貴な元素」と呼ばれていることから、「希ガス」ではなく「貴ガス」という表記を日本化学会が提案しています。現在の化学の教科書では、すでに「貴ガス」の表記に変わっています。

　貴ガスは、化学的に非常に安定で化合物をつくりにくい物質です。他の原子は貴ガスと同じ電子配置をとろうとする傾向があります。

 「化学の学びの旅」の地図として活用しよう

　ここまで、金属と非金属、典型元素と遷移元素、各族の特徴と、周期表を用いて原子についてお話ししてきましたが、このように周期表を絡めて化学を学習すると、化学への理解をより深めることができるのです。

図 H-5 典型元素の各族の特徴

族\周期	1	2	3	4	5	6	7	8	9	10	11	12	13	14	15	16	17	18
1	H																	He
2	Li	Be											B	C	N	O	F	Ne
3	Na	Mg											Al	Si	P	S	Cl	Ar
4	K	Ca	Sc	Ti	V	Cr	Mn	Fe	Co	Ni	Cu	Zn	Ga	Ge	As	Se	Br	Kr
5	Rb	Sr	Y	Zr	Nb	Mo	Tc	Ru	Rh	Pd	Ag	Cd	In	Sn	Sb	Te	I	Xe
6	Cs	Ba	ランタノイド	Hf	Ta	W	Re	Os	Ir	Pt	Au	Hg	Tl	Pb	Bi	Po	At	Rn
7	Fr	Ra	アクチノイド	Rf	Db	Sg	Bh	Hs	Mt	Ds	Rg	Cn	Nh	Fl	Mc	Lv	Ts	Og

アルカリ金属　アルカリ土類金属　ハロゲン　貴ガス元素

1族の元素（Hを除く）→ アルカリ金属

陽性の元素で、単体は反応性に富む軽い金属。1価の陽イオンになる。
＊覚えておくのはリチウム(Li)、ナトリウム(Na)、カリウム(K)

2族の元素 → アルカリ土類金属

陽性の元素で、単体はアルカリ金属に次いで反応性に富む金属。2価の陽イオンになる。
＊覚えておくのはカルシウム(Ca)、バリウム(Ba)

17族の元素 → ハロゲン

陰性の元素で、単体は原子が2個結びついた分子(2原子分子)。反応性に富む。
1価の陰イオンになる。
＊覚えておくのはフッ素(F)、塩素(Cl)、臭素(Br)、ヨウ素(I)

18族の元素 → 貴ガス

単体は常温でいずれも気体。原子1個がばらばらにびゅんびゅん運動している(単原子分子)。沸点や融点が非常に低い。化学的に安定なため、化合物をつくりにくい。
＊覚えておくのはヘリウム(He)、ネオン(Ne)、アルゴン(Ar)

化学式・化学反応式に登場する元素記号を10個に限定

 化学でばんばん出てくる元素記号は最小限に

前にお話しした通り、化学は、「化ける学」です。そのため、物質がどのように"化ける"（化学変化する）のかを表す化学式・化学反応式は、化学に欠かせない重要な要素です。

ただ、一方で化学につまずいてしまう1つの原因にもなっているのは事実です。そこで本書では、**通常は化学式・化学反応式にばんばん登場する元素記号を右の10個に限定します**。この10個をざっくりでよいので頭に入れて本編に進んでください。

ただ、やみくもにアルファベットと意味を覚えようとしても頭に残りにくいので、あわせて各元素記号の由来も右の図に載せています。

元素記号は、スウェーデンの化学者**ベルセリウス**が1813年に考えたものが基本になっています。

ラテン語は現在使われていない言語（死語）ですが、かつてはギリシア語と並んで西欧の古典語でした。古代ローマ帝国の公用語であり、中世から近代の初めに至るまで全ヨーロッパの知識層がいわば共通の言語として使いました。そのため、ギリシア語やラテン語が由来になっている元素名が多くあります。元素の英語名の頭文字と一致するものもあります。

また、すばらしい研究をした学者の名からとった元素名もあります。他には、その元素が発見された地名や、研究した学者の生まれた国や町の名をつけて、その名誉をたたえているものもあります。

地球上の名だけではなく、天体の名をとった元素名もいくつかあります。

図 H-6 元素記号と元素の名前の由来

元素記号	日本語名	英語名	名称・記号の由来
H	水素	Hydrogen	「水を生じる」というギリシア語から
C	炭素	Carbon	Carbois（炭）というラテン語から
O	酸素	Oxygen	「酸をつくるもの」の意味から、ラボアジェが酸の素と誤解して命名
N	窒素	Nitrogen	ギリシア語でnitron,nitrum「硝石」+gennao「生じる」、日本語の窒素はドイツ語の「窒息させる物質」から
Cl	塩素	Chlorine	ギリシア語のChloros（黄緑色）から。塩素ガスが黄緑色
Na	ナトリウム	Sodium	Natron（ラテン語の炭酸ナトリウムの古名）から。英語名はドイツ語の「ソーダ石」が由来
Mg	マグネシウム	Magnesium	鉱石の産地であるマグネシアから
Zn	亜鉛	Zinc	「白い鉱床」を意味するラテン語からという説と、「とがったもの」（スプーンの先）を意味するドイツ語からという説がある
Fe	鉄	Iron	Ferrum（鉄）というラテン語から
Cu	銅	Copper	鉱石を産出した島、キプロスから

原子とは
何か？

そもそも"もの"ってなに？

 "もの"は、「質量」と「体積」をもっている

　そもそも、自然科学とは"もの"について調べる学問です。

　"もの"は、どんなに小さくても、質量と体積をもっています。逆にいえば、質量と体積をもっていれば、それは"もの"なのです。"もの"の質量は、形が変わろうが、状態が変わろうが、運動していようが静止していようが、地球上であろうが月面上であろうが変わらない実質の量です。

　したがって、Aという"もの"にBという"もの"を加えると、必ずAとBの質量を足した"もの"になります。

図 0-1 コップを水に沈める実験

ティッシュをつめた
コップを逆さまにして水に沈めると……

空気

コップの中は
空気で満たされている

水面

空気

コップを水に沈めても
ティッシュは濡れない！

　たとえば、水100ｇに砂糖10ｇを溶かせば、110ｇの砂糖水ができます。"もの"の体積は、その"もの"が占めている空間（専用の場所）の大きさです。

　コップの底にティッシュペーパーをつめて、水の中にコップを逆さまにして沈めてみましょう。そのとき、ティッシュは濡れません。コップの中には空気があって、空気が自分の空間を占めていて水が入り込めないのです。つまり、空気にも体積があるということです。もしコップの底に穴があいていれ

ば、水が入った分の空気が出ていくので、水が入ることができます。

⚛ "物体"と"物質"の違い

　化学ではよく **"物質"** が出てきます。物理でよく使うのは **"物体"** です。**"物体"** と **"物質"** は、まとめて **"もの"** や **"物"** とすることもあります。わざわざ区別する必要がない場合もあるんですね。

　では、**"物体"** と **"物質"** はどう区別するかというと、**"もの"** を使ったりするとき、その **"もの"** の形や大きさ、使い道、材料などに注目するのです。特に、形や大きさなど外形に注目した場合は、その **"もの"** を物体といいます。

　たとえば、コップにはガラス製、紙製、金属製などがありますが、物体をつくっている材料に注目した場合、その材料を物質といいます。

　材料というのは、ものを製造するとき、もととして用いるものであり、ものをつくっているもとのものです。

　つまり、ガラス製のコップ、紙製のコップ、金属製のコップなら、コップという物体をつくっている、それぞれの材料のガラス、紙、金属が物質です。したがって、ズバリ「**物質とは"もの"の材料**」ということができます。物質は、「**何からできているか?**」という材料に注目した見方なので、化学でよく使います。

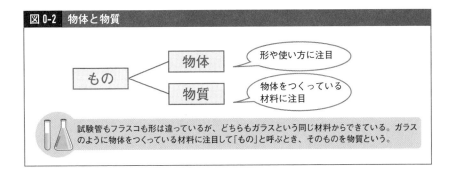

図 0-2　物体と物質

もの → 物体 → 形や使い方に注目
もの → 物質 → 物体をつくっている材料に注目

試験管もフラスコも形は違っているが、どちらもガラスという同じ材料からできている。ガラスのように物体をつくっている材料に注目して「もの」と呼ぶとき、そのものを物質という。

序章　原子とは何か?

第1章　原子の組み替え

第2章　周期表ができるまでの化学の歴史

第3章　化学の道案内の地図:周期表

第4章　無機物質の世界

第5章　密度やモルなどの量と計算

第6章　酸・塩基と酸化還元

第7章　有機物の世界

どんな物質も原子からできている

 物質をつくる原子の性質

今、原稿を書いている私が向かっているノートパソコンをつくっている金属やプラスチック、液晶は、すべて**原子**からできています。

生物の体も、原子からできています。刺身も肉も、私たち人間の体も、すべて原子からできているのです。

原子は、右の図0-3のような性質をもっています。

そして、物質は次の３つに大きく分けることができます。

・原子がたくさん集まってできているもの

・原子が結びついて分子という粒子をつくり、その分子が集まってできているもの

・イオンと呼ばれる、電気をもった原子や原子の集まりの粒子

 化学変化をマクロでもミクロでもイメージ

私たちが目で見て、質量を感じる世界はマクロ（マクロスコピック＝巨視的）な世界です。

一方、原子、分子、イオンなど物質をつくっている粒子の世界はミクロ（ミクロスコピック＝微視的）な世界です。

マクロに物質をとらえると同時に、物質をつくる原子の様子をイメージすることが、化学をより理解するポイントになります。

序章

原子とは何か？

第1章
原子の組み替え

第2章
周期表ができるまでの化学の歴史

第3章
化学の道案内の地図。周期表

第4章
無機物質の世界

第5章
密度やモルなどの量と計算

第6章
酸・塩基と酸化還元

第7章
有機物の世界

図 0-3 原子の性質

（原子の性質1）それ以上分けることができない*

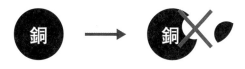

*「化学的な手段で」という条件がつく

（原子の性質2）種類によって質量や大きさが決まっている

水素原子
64個

銅原子
1個

鉄原子は
水素原子
56個分

（原子の性質3）化学変化では他の種類の原子に変わったり、なくなったり、新しくできたりすることはない

何もない…

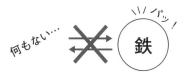

パッ！

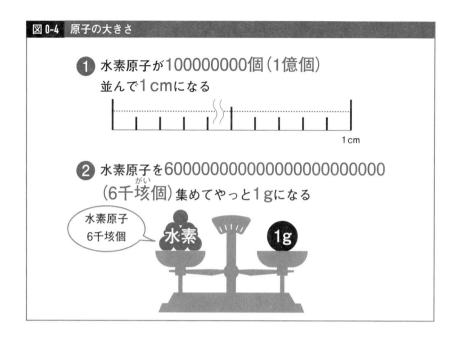

図 0-4　原子の大きさ

❶ 水素原子が100000000個（1億個）
並んで1cmになる

1 cm

❷ 水素原子を600000000000000000000000
（6千垓個）集めてやっと1gになる

水素原子
6千垓個

水素　　1g

⚛ 元素と原子

　今ではどんな物質も原子からできていることがわかっていますが、原子の実体が明らかにされる以前、物質は少数の要素（元素）によって構成されていると考えられていました。

　古代から中世までは、火（熱・乾）、空気（熱・湿）、水（冷・湿）、土（冷・乾）の四元素の組み合わせによって、すべての物質ができているという**アリストテレス**の四元素説が支配的でした。

　しかし、物質をいろいろ調べた結果、純粋な物質で、どんな方法によっても2種以上の物質に分けられず、またどんな2つ以上の物質の化学変化によってもつくれない物質がほかの物質と区別されていきました。そのとき、その純粋な物質をつくっている"もと"になるものを元素と定義するようになったのです。**現在では、元素は原子の種類を表しており、人工的につくったものも含めて118種類が周期表に整理されています。**

原子は化学変化を 繰り返しても不滅

序章
原子とは何か？

第1章 原子の組み替え

第2章 周期表ができるまでの化学の歴史

第3章 化学の道案内の地図＝周期表

第4章 無機物質の世界

第5章 密度やモルなどの量と計算

第6章 酸・塩基と酸化還元

第7章 有機物の世界

⚛ 炭素原子の旅

　私たち人間の体をつくっている原子の重さ（質量）は、酸素（65％）、炭素（18％）、水素（10％）、窒素（3％）、カルシウム（1.5％）、リン（1％）……の順になります。

　酸素と水素は、人体で最も多い水をつくる原子です。カルシウムとリンは、骨と歯をつくるリン酸カルシウムをつくる原子なので多い、ということなのです。炭素は、タンパク質や脂肪の骨格をつくる原子、窒素はタンパク質をつくる原子です。

　ここで、炭素に注目してみましょう。大気中に少しずつ増えている二酸化炭素は、石炭・石油・天然ガスの燃焼や生物の呼吸などによって排出されます。

　一方、二酸化炭素は植物に光合成の原料として取り込まれたり海に溶けたものが生物の体の一部に取り込まれたりしています。植物が光合成でつくった有機物は、地球上の動物や私たち人間の食べ物になっています。

　したがって、私たちの食べ物の"もと"をたどると、空気中の二酸化炭素だったといえるでしょう。二酸化炭素中の炭素は、こうして消滅することなく地球上をグルグルと循環しているのです。

　今、私たちの体をつくっている炭素の原子の多くは、元々は植物が吸収した二酸化炭素です。

　その二酸化炭素は、植物に取り入れられる前に、ある動物の呼吸ではき出されたものかもしれません。あるいは、ある動物の死がいが微生物に分解されて空気中に出された二酸化炭素かもしれません。私たちの体をつく

っている元素の原子の一部は、以前はゴキブリの体の原子だったのかもしれないのです。もしかしたら、歴史上、絶世の美女といわれたクレオパトラの体をつくる原子だったかもしれません。様々な変化を経ても、壊れず、消えずに、私たちの体をつくっています。原子は基本的に不滅なのです。私たちをつくっている原子たちは、宇宙で生まれ、いろいろな変化を経て、ここまできているのです。

⚛ 化学変化をくり返しても原子が不滅ならば

化学変化の前後において、物質全体の質量は変わりません。つまり、質量が保存されます。これを「質量保存の法則」といいます。物質をつくる原子の組み合わせが化学変化の前後で変わっても、全体の原子の数は変わらないからです。質量保存の法則は、反応している場所から何か物質が出ていけばその分だけ軽くなり、逆に何かが入ってきて結びつけばその分重くなるといえます。

金属の鉄やマグネシウムも燃焼します。それらを燃焼させた後は燃焼前よりも質量が増えます。燃焼後にできるのは、酸化鉄や酸化マグネシウムで、質量が増えたのは結びついた酸素の分です。その酸素は空気中から来ているので空気中からその分酸素は減っています。

木や紙、ろうそく、灯油などが燃焼したとき、燃焼後は軽くなっていますが、できた物質が空気中に逃げてしまうので質量が減るように見えるのです。木や紙、ろうそく、灯油などは炭素、水素、酸素からできていて、燃えると炭素は二酸化炭素に、水素は水になります。できた物質をすべて集めたものの質量は、もとの可燃物よりも反応した酸素の分、質量が増えています。

原子のレベルで考えてみましょう。化学変化で原子は壊れたり、消えてなくなったりすることはありません。どんな化学変化が起こっても、前後で原子の数も種類も変わりません。原子が結びつく相手が変わるだけであり、反応の前後で質量が変わらないことは当たり前のことなのです。

第1章

原子の 組み替え

第1章のあらすじ

　前章までで、どんな物質もすべて原子からできていること、そして原子の特徴についてお話ししました。

　続いて第1章では、物質が変化するときの原子の様子や、物質の変化を式で表した化学反応式などを中心にお話しします。

　まず、物質は、水などのように単一の物質からなる純物質と、2種類以上の純物質が混じり合った混合物に分けられます。

　さらに、純物質には、原子1種類からできている単体と、2種類以上の原子からできている化合物があります。

　次に物質の状態ですが、固体、液体、気体の3つがあります。水の場合、氷（固体）、水（液体）、水蒸気（気体）というように、物質の状態が変化しますが、別の物質に変わっていません。このような変化を状態変化といいます。

　物質の変化には2つあり、1つがこの状態変化（物理変化）で、もう1つが化学変化です。

　水を分解すると、水素と酸素という原子に分かれます。水、水素、酸素はそれぞれ別の物質です。このように、初めの物質がなくなって新しい物質ができる変化が化学変化なのです。水の状態変化では、水分子の集まり方は変わっているものの、水分子自体は壊れていません。

　この化学変化（化学反応）について、元素記号を用いた化学式をもとにして表した式が、化学反応式です。化学反応式を立てることで、化学変化を予想したり、化学変化で新しい物質をつくろうとするときの材料や方法を考えたりするときの手がかりを得たりすることができるようになるのです。

物質

1 純物質　　**2** 混合物

1 単体
2 化合物

物質の状態

1 固体　　**2** 液体　　**3** 気体

物質の2つの変化

1 状態変化　　**2** 化学変化

化学反応

1 発熱反応
2 吸熱反応

化学式

1 元素記号　　**2** 分子　　**3** 係数

化学反応式

序章
原子とは何か？

第1章
原子の組み替え

第2章
周期表ができるまでの化学の歴史

第3章
化学の道案内の地図・周期表

第4章
無機物質の世界

第5章
密度やモルなどの量と計算

第6章
酸・塩基と酸化還元

第7章
有機物の世界

混合物を分離すると純物質が得られる

純物質と混合物の違い

　私たちが日常生活で接する物質の多くは、何種類かの物質が混じっています。たとえば、空気は窒素、酸素、アルゴンなどが混合しています。また、食塩水は水と食塩の混合物です。窒素、酸素、水などのように単一の物質からなるものを純物質（純粋な物質）、空気や食塩水のように2種以上の純物質が混じり合ったものを混合物といいます。

　化学の研究では、混合物は組成が変わると性質まで変わってしまうことから、純物質を対象にする場合が多いです。そのため、混合物から純物質を分離し、純物質を得る操作が必要になります。

混合物から純物質を分離する方法

　混合物から純物質を分離する操作方法を4つ紹介します。

　1つ目は、ろ過です。日常生活で流し台にネットを張ってゴミを分離したり、コーヒー豆の粉末と抽出したコーヒーを分離したりするのに用いられています。2つ目は抽出です。お茶の葉やコーヒー豆の粉末に湯を注ぐと、お茶の葉やコーヒー豆の中から水に溶ける成分が溶け出てきます。水のように、他の物質を溶かす液体を溶媒、混合物に溶媒を加えて混合物から目的の成分だけを取り出す操作を抽出といいます。

　3つ目は再結晶です。水に溶けるものと溶けないものが混ざっている場合はろ過で分けられますが、どちらも水に溶けるときはろ過が使えないので再結晶を使います。**再結晶は、溶質（混じりものがある）を溶かして溶液にし、溶液から再び結晶をつくることです。**

結晶をつくるには、「**温度が高い水溶液を冷やす**」方法と「**水溶液から水を蒸発させる**」方法があります。通常は、「温度が高い水溶液を冷やす」方法をとります。**温度を低くすると、溶解度が小さくなり、溶けきれなくなって結晶として出てくる**のです。結晶が出てくるとき、少量の混じりもの（不純物）のほうは、少量なので水に溶けたままのことが多いのです。出てきた結晶は、はじめよりも混じりものが少なくなっています。

　4つ目は、蒸留・分留です。海水から真水（蒸留水）、赤ワインからエタノールを分けとるときに蒸留を用います。海水を加熱して出てきた水蒸気を冷やしたり、赤ワインを加熱して最初のほうに出てきたエタノール蒸気を冷やしたり、というように、**蒸留では沸点の差を利用するのです。**

　2種類以上の液体の混合物を沸点の差を利用して次々に分離していくことを分留（分別蒸留）といいます。原油の分留で、最も低温で分離されるのがプロパンやブタンです。圧縮すると、液化石油ガス（LPG）になります。続いてガソリン留分、灯油、軽油などに分離されます。

　他に溶媒に溶けている溶質の移動速度の違いで分離するクロマトグラフィーなどがあります。

序章　原子とは何か？

第1章　**原子の組み替え**

第2章　周期表ができるまでの化学の歴史

第3章　化学の道案内の地図＝周期表

第4章　無機物質の世界

第5章　密度やモルなどの量と計算

第6章　酸・塩基と酸化還元

第7章　有機物の世界

図 1-1　蒸留、抽出とろ過

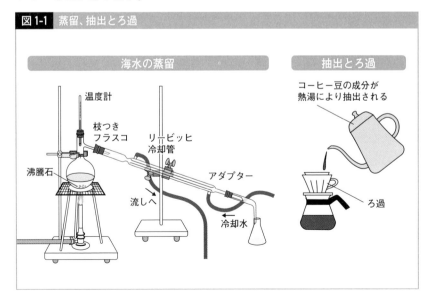

海水の蒸留

温度計
枝つきフラスコ
リービッヒ冷却管
アダプター
沸騰石
流しへ
冷却水

抽出とろ過

コーヒー豆の成分が熱湯により抽出される
ろ過

元素名は「単体の場合」と「化合物の場合」がある

単体と化合物の違い

　水を電気分解すると、水素と酸素に分かれます。**水が分解してできた水素や酸素は、それ以上別の物質に分解できません。**このように、物質を分解していくと、それ以上分解できない物質にたどりつきます。このような物質を単体といいます。単体は、水素や酸素以外に炭素、窒素、鉄、銅、アルミニウム、銀、マグネシウム、ナトリウムなどです。

　単体とは、元素1種類あるいは原子1種類からできている物質です。単体はそれ以上化学的に別の物質に分解できません。1種類の原子だけからできているので、それ以上別の原子に化学的に分解できないのです。

　2種類以上の原子からできている物質は、化合物といいます。**化合物は2種類以上の物質に分解できます。**

カルシウムは「単体を指す場合」と「化合物を指す場合」がある

　元素名は、単体を指す場合と化合物を指す場合があります。たとえば、「小魚にはカルシウムが豊富」という場合、魚の骨の成分元素のカルシウムが摂れるということです。単体のカルシウムは、金属で銀色をしています。しかも、単体のカルシウムは水に出合うと水素ガスを発生しながら溶けていくなど化学的に反応性が高く、自然界には単体で存在していません。どうも骨は単体のカルシウムではなさそうです。じつは、骨はカルシウムとリンと酸素の化合物（リン酸カルシウム）です。**中心的な成分の元素がカルシウムなので、代表して「カルシウム」と呼んでいるだけ**なのです。

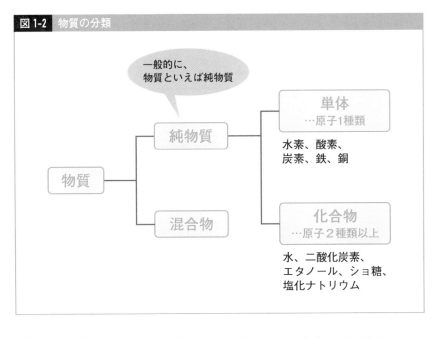

図1-2 物質の分類

一般的に、
物質といえば純物質

物質

純物質

混合物

単体
…原子1種類

水素、酸素、
炭素、鉄、銅

化合物
…原子2種類以上

水、二酸化炭素、
エタノール、ショ糖、
塩化ナトリウム

序章
原子とは何か？

第1章
原子の組み替え

第2章
周期表ができる
までの化学の歴史

第3章
化学の・道案内の
地図・周期表

第4章
無機物質の世界

第5章
密度やモルなどの
量と計算

第6章
酸・塩基と
酸化還元

第7章
有機物の世界

「バリウム」も同様です。「胃のレントゲン検査のときにバリウムを飲んだ」という場合、もしバリウムが単体なら銀色の金属でカルシウムと同じように水と出合うと水素ガスを発生しながら溶けていきます。しかも、体内に吸収されると毒性があります。

じつは、胃のレントゲン検査のときに飲む「バリウム」は、硫酸バリウムなのです。硫酸バリウムは、白色で水に溶けないので粉末が水と混ざるだけです。それで乳濁液になっています。体内にも吸収されません。硫酸バリウムの中心の元素がバリウムなので、代表して「バリウム」と呼んでいるのです。

実際のところ、いまだに元素は曖昧に使われています。「酸素」という言葉を使うときに、元素の酸素か、オゾンと区別する単体か、酸素分子か、それとも酸素原子の意味なのかは、文章から推測するしかないのです。

固体・液体・気体では 分子の「結びつき方」が変わる

物質の3つの状態

　私たちの周りにあるいろいろな物質は、固体、液体、気体の3つの状態に分けられます。固体と液体の物質は、その存在を目で見ることができますが、気体は有色のもの以外はその存在を目で見ることができません。

　また、物質を容器に入れたときの様子が、固体、液体、気体の3つの状態では異なります。

　まず固体についてですが、容器から出しても形も体積も変わりません。

　液体は、体積が変わらないものの、容器の形状にしたがって形は変わります。

　気体は容器から周りに拡がってしまいます。袋に閉じこめると弾力性があります。

気体は「びゅんびゅん」、固体は「ぶるぶる」

　固体、液体、気体という3つの状態は、原子・分子・イオンの集まり方の違いによるものです。

　まず、分子からできている物質を考えてみましょう。

　気体の分子は、1個1個ばらばらで、1秒間に数百mというジェット機より速いスピードで飛びまわっています。

　たとえば空気は1 cm³の中に1兆の約3000万倍個の分子があるので、他の分子と衝突しながら、絶えずジグザグに飛びまわっています。気体の分子は、1個1個がばらばらで、ものすごいスピードで飛びまわっているため、

図 1-3　固体・液体・気体

固体　入れ物からそのままの形で出てくる

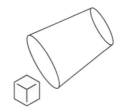

液体　入れ物に入れるとその形になり、出すと流れる

気体　入れ物に入れても周りに拡散

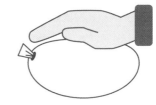

袋に閉じこめると弾力性がある。

序章
原子とは何か？

第1章
原子の組み替え

第2章
周期表ができるまでの化学の歴史

第3章
化学の道案内の地図☆周期表

第4章
無機物質の世界

第5章
密度やモルなどの量と計算

第6章
酸・塩基と酸化還元

第7章
有機物の世界

私たちの周りの空気も、分子が"ばらばらびゅんびゅん"しています。とても小さな分子が1個1個ばらばらなので、目に見えません。

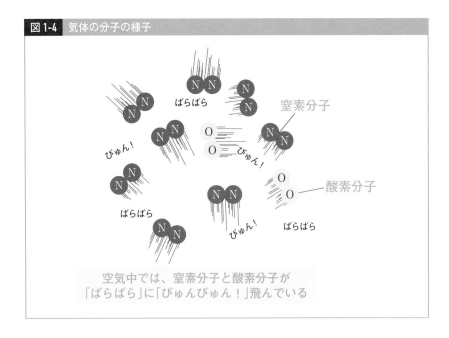

図1-4 気体の分子の様子

ばらばら

窒素分子

びゅん！

酸素分子

びゅん！

ばらばら

ばらばら

びゅん！

空気中では、窒素分子と酸素分子が
「ばらばら」に「びゅんびゅん！」飛んでいる

固体をつくる分子は、ある1点を中心にぶるぶると振動しています。固体では分子同士の結びつきが強く、一定の体積や形をもっています。

液体の状態では、固体と同じように分子同士はお互いに引き合っています。この点では固体に近いのです。ただ、気体に似ている面もあります。それは、入れ物によって形が変わるという性質です。

入れ物から出すと、固体はそのままの形で出てきますが、液体の場合は流れてしまいます。**液体の分子は、お互いに引き合っているものの、決まった場所から動けない固体の分子と違って、あちこちに動ける**ことが原因です。

固体の分子の結びつきよりは、液体の分子の結びつきはゆるく、お互いに場所を入れかえられるゆとりが少しはあるということなのです。

水は「固体⇔液体⇔気体」になるが物質自体は変わらない

序章
原子とは何か?

第1章
原子の組み替え

第2章
周期表ができるまでの化学の歴史

第3章
化学の道案内の地図と周期表

第4章
無機物質の世界

第5章
密度やモルなどの量と計算

第6章
酸・塩基と酸化還元

第7章
有機物の世界

状態変化

　物質は、熱したり、冷やしたりすることによって温度が変化し、それにともなって「固体⇔液体⇔気体」というように状態も変化するのです。このような温度による状態の変化を状態変化といいます。

　状態変化は、物質の状態が変化するだけで、別の物質に変わることはないので、何回でも元の状態に戻ることができます。

　沸点とは、大気圧下において液体が沸騰(液体内部から気体になる)して気体になる温度のことです。ただし、液体の表面からの蒸発は沸点に達しなくても起こります。融点とは、固体から液体へ変化する温度(融解す

図1-5　水の状態変化

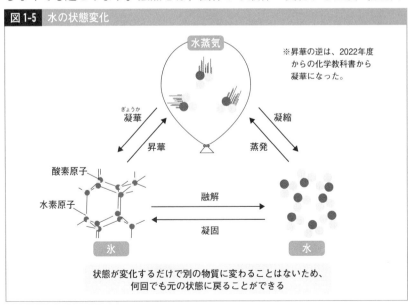

水蒸気

※昇華の逆は、2022年度からの化学教科書から凝華になった。

凝華（ぎょうか）　　凝縮

昇華　　蒸発

酸素原子

水素原子

融解

凝固

氷　　　　　水

状態が変化するだけで別の物質に変わることはないため、何回でも元の状態に戻ることができる

る温度）のことです。液体から固体へ変化する温度を凝固点といいます。**融点と凝固点は同じ温度**です。そのため、普通は融点で代表しています。水は0℃以下になると氷になり始め、0℃以上になると氷が融け始めるので、**水の融点は0℃**です。融点（凝固点）は物質の固体と液体の状態の境目の温度です。沸点と融点は、純粋な物質では物質の種類によって決まっています。

　私たちの呼吸に欠かせない酸素は、ふつうの温度で気体です。

　沸点は−183℃、融点は−219℃です。酸素を冷やすと、−183℃で気体から液体に、−219℃で液体から固体になります。酸素の液体や固体は、青っぽい色をしています。

　金の融点は1064℃、沸点は2856℃です。金を熱して1064℃になると、融け始め、金の液体に変わります。

　さらに温度が2856℃まで上昇すると、グツグツと沸とうし始めて金の気体がどんどん出てきます。

図1-6 融点と沸点

物質	融点（℃）	沸点（℃）	物質	融点（℃）	沸点（℃）
タングステン	3407	5555	カリウム	63.5	759
二酸化ケイ素	1610	2230	水	0	100
鉄	1536	2862	水銀	-39	357
銅	1085	2562	メタノール	-98	65
金	1064	2856	エタノール	-115	78
銀	962	2162	ブタン	-138	-0.5
塩化ナトリウム	801	1485	プロパン	-188	-42
アルミニウム	660	2519	窒素	-210	-196
マグネシウム	650	1090	酸素	-219	-183
亜鉛	420	907	水素	-259	-253
鉛	328	1749	ヘリウム	-272	-269
水酸化ナトリウム	318	1390			
スズ	232	2602			

＊ヘリウムの融点は25気圧のときの値。他は1気圧のときの値。

もとの物質から新たな物質に変化する「化学変化」

序章 原子とは何か？

第1章 原子の組み替え

第2章 周期表ができるまでの化学の歴史

第3章 化学の“道案内”の地図＝周期表

第4章 無機物質の世界

第5章 密度やモルなどの量と計算

第6章 酸・塩基と酸化還元

第7章 有機物の世界

2つの変化

　状態変化によって水は固体・液体・気体に変化します。**氷は加熱すると融けて液体の水に戻り、気体である水蒸気は冷やすと液体の水に戻ります。**

　ただ、水が固体・液体・気体へと状態変化しても水は水です。もし、液体の水を加熱したり、冷却したりすることによって、水そのものが他の物質に変化してしまったら、水蒸気や氷は液体の水に戻れません。

　水を分解してみると、水素と酸素に分かれます。水、水素、酸素はそれぞれ別の物質です。水素と酸素ができた分、水はなくなります。このように初めの物質がなくなって新しい物質ができる変化を化学変化といいます。水の状態変化では、水分子の集まり方が変わるものの、水分子は壊れません。化学変化の**水の分解では、水分子が水素分子と酸素分子に変わります。**結果的に、水分子2個から、水素原子2個が結びついた水素分子2個と、酸素原子2個が結びついた酸素分子1個に変わります。

図 1-7 水素＋酸素の化学変化

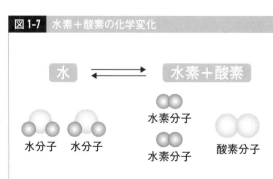

水分子は、水素原子2個が結びついた「水素分子2個」と、酸素原子2個が結びついた「酸素分子1個」に変わる

物理変化と化学変化

物質自体は変化しない物理変化に対し、**物質が別の物質に変化するのが化学変化です。**物理変化では、ものの場所が移動したり、スピードや向きが変わったりしても、物質そのものは変化しません。水の状態変化は、氷も水も水蒸気も水分子からなり、集合状態が違っているだけなので物理変化です。一方の化学変化では、はじめの物質がなくなって新しい別の物質ができます。つまり、**物質が化ける**のです。水素ガスと酸素ガスを反応させると、水素でも酸素でもない水という物質ができます。ナトリウムと塩素を反応させると、ナトリウムでも塩素でもない、塩化ナトリウムという物質ができます。このように、反応後に反応前の物質とは別の新しい物質ができる変化が、化学変化（あるいは化学反応）なのです。

化学変化と化学反応は同じ意味ですが、化学変化は変化の「結果」、化学反応は変化の「過程」を重視することが多いです。

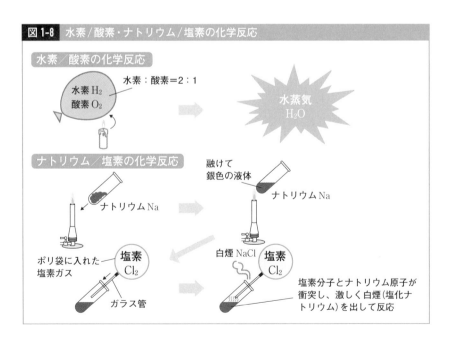

図 1-8　水素/酸素・ナトリウム/塩素の化学反応

「質量保存の法則」は物理変化でも化学変化でも成り立つ

序章 原子とは何か?

第1章 原子の組み替え

第2章 周期表ができるまでの化学の歴史

第3章 化学の"道案内の地図"周期表

第4章 無機物質の世界

第5章 密度やモルなどの量と計算

第6章 酸・塩基と酸化還元

第7章 有機物の世界

ジュース1kgを飲んだ後の体重は?

　私が教師として中学生を教えていた頃、保健室から体重計を運んで次の問題を授業で投げかけていました。

【問題】

　体重50kgの人が、中身1kgのジュースを飲んだ直後に体重をはかると、体重計は何kgを示すか?
　ア．ほぼ51kg　イ．51kgより少し軽い　ウ．51kgより少し重い

ご飯などでもいいのですが、すぐに口に入るジュースにしています。

図1-9　ジュースを飲むと体重は増える?

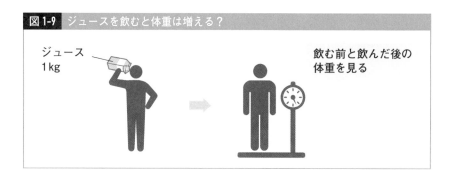

ジュース
1kg

飲む前と飲んだ後の
体重を見る

　小学校の授業では粘土やアルミホイルなどを用いて「物の形が変わっても重さは変わらない」ことを学びますが、要は、この人間版です。
　実際に、1人の生徒にジュースを飲んで体重計にのってもらいます。
　正解はアですが、飲んだ後に時間が経つと汗などが出てイになってしま

います。飲んだ直後なら1kg増えるのです。

　体重計に一本足でのっても、体重計の上で姿勢を変えずに両足に力を入れても、結果は同じです。

　まさに、「**物には重さがある。物の形が変わっても物の状態が変わっても、その物の出入りがない場合には重さは変わらない。出入りがあれば、出た分だけ軽くなり、入った分だけ重くなる。逆にはじめより軽くなったら何か物が出ていった、重くなったら何か物が付け加わった**」という質量保存の法則が成り立っていることが理解できると思います。

質量保存の法則

　学校の教科書で、「化学変化の前後では、物質全体の質量は変化しない」という「質量保存の法則」という言葉が最初に出てくるのは、中学校理科の化学分野です。

　質量保存の法則は、物理変化でも化学変化でも成り立ちます。**例外は、核分裂や核融合のような質量とエネルギーの相互転換を無視できない場合**です。

　じつは、質量保存の法則が化学分野で登場するのは、物理変化では当たり前だけれども、**"化学変化のように別の物質ができる場合"でも成り立つ**ことが大切なのです。

　つまり、化学変化が起きて、はじめにあった物質がなくなり、新しい物質ができるときも、その変化の前後ではじめにあった物質の全体の質量は、変化後でも同じままです。

　たとえば、炭素が燃えてなくなったように見えても、はじめにあった炭素＋酸素と変化後の二酸化炭素の質量は同じなのです。

　ミクロに見ると、「**原子は、なくならないし、新しく生まれもしない。化学変化が起こっても、原子の組み替えが起こっただけで原子全体の種類と数は変わらない**」ということになります。

化学反応には「発熱反応」と「吸熱反応」がある

序章 原子とは何か？

第1章 原子の組み替え

第2章 周期表ができるまでの化学の歴史

第3章 化学の道案内の地図＝周期表

第4章 無機物質の世界

第5章 密度やモルなどの量と計算

第6章 酸・塩基と酸化還元

第7章 有機物の世界

発熱反応と吸熱反応

私たちは、ガスを燃やしてお湯を沸かしたり、料理をつくったりしています。プロパンガスか都市ガスかによって成分は異なりますが、ガスはプロパンやメタンといった炭素と水素からできた炭化水素という物質です。

ガスを燃やすと、炭化水素中の炭素は二酸化炭素に、水素は水になります。燃焼という化学変化が起こり、そのときに出る熱を利用しているのです。このように熱が出る化学反応を発熱反応といいます。反対に、まわりから熱を吸収する変化は、吸熱反応といいます。

発熱反応では、高いエネルギーをもっていた反応物（反応する前にあった物質）がより低いエネルギーをもった生成物（反応してできた物質）になるときに、まわりにエネルギーを出します。

逆に吸熱反応では低いエネルギーをもった反応物がより高いエネルギーをもつ生成物になるときに、まわりからエネルギーを取りこみます。

発熱反応が起こると、温度が上がってアツアツに、吸熱反応が起こると温度が下がってヒエヒエになります。

私たちのまわりの化学変化では、発熱反応が圧倒的です。いろいろな物質の燃焼はもちろん、金属がさびるなどのゆっくりした酸化反応でも発熱して温度が上がります。

使い捨てカイロは、鉄粉が空気中の酸素とカイロに入れてある水と結びつく反応が起きたときに出る熱を利用しています。

また、私たちの体内でも、いろいろな化学変化が起きて、そのときの発熱で体温が保たれています。

手のひらにクエン酸と重曹（炭酸水素ナトリウム）を小型スプーン1杯分ずつおいて、2つの粉末を混ぜ合わせ、そこに水を少量たらすと、二酸化炭素が発生して泡立ち、手のひらが冷たくなるのは、吸熱反応の例です。

ミクロでは「くっつくときはアツアツ、別れりゃ冷たくなる」

　原子・分子・イオンという物質をつくっている非常に小さな粒子がばらばらになると、温度が下がります。引き合っていたものを、無理に引き離すにはエネルギーが必要ですが、使ったエネルギーは他からもらえないので、自分の温度を下げることでまかなっているのです。逆に**ばらばらだったものが結びつくときには温度が上がります。**まさに、「**くっつくときはアツアツ、別れりゃ冷たくなる**」などという人間の世界でも通用しそうな現象です。化学変化が起こったときに発熱になるか吸熱になるかは、ばらばらになる傾向と新しい結びつきができる傾向の兼ね合いで決まります。

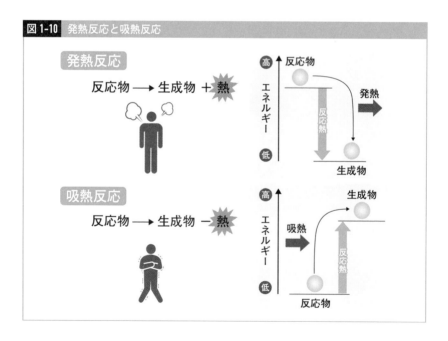

図 1-10　発熱反応と吸熱反応

まずはこれだけ！元素記号と化学式

序章
原子とは何か？

第1章
原子の組み替え

第2章
周期表ができる
までの化学の歴史

第3章
化学の道案内の
地図＝周期表

第4章
無機物質の世界

第5章
密度やモルなどの
量と計算

第6章
酸・塩基と
酸化還元

第7章
有機物の世界

ドルトンの原子の記号と現在の元素記号

　原子の考えを提案したことで有名な**ドルトン**は、原子を○の記号で表しました。○の中に点を入れたり線を引いたり、または塗りつぶしたりしてお互いを区別したのです。たとえば、酸素は○、水素は○の真ん中に点が打ってあります。炭素は○を黒く塗りつぶした黒丸（●）です。硫黄は○の中に十文字の線が入っています。ドルトンがこんな記号を考えたのは、1803年、今から200年以上も前のことです。ところが、その10年後に**ベルセリウス**という化学者が**原子の種類名を1つあるいは2つのアルファベットの頭文字で表す方法**を考えました。当時、ドルトンは、「原子は丸い粒」だということにこだわって、ベルセリウスの表し方に反対でした。「ベルセリウスの記号は、原子論の美しさと簡潔さとをくもらせる」と批判して、死ぬまで拒否し続けたほどです。しかし、ベルセリウスの元素記号のほうがはるかに便利だったので、ドルトンの記号は見捨てられてしまったのです。現在、ベルセリウス提案の元素記号は万国共通です。

図 1-11 ドルトンの原子の記号

水素	⊙	硫黄	⊕
窒素	◐	ナトリウム	◫
炭素	●	鉄	Ⓘ
酸素	○	亜鉛	Ⓩ
リン	⊗	銅	Ⓒ

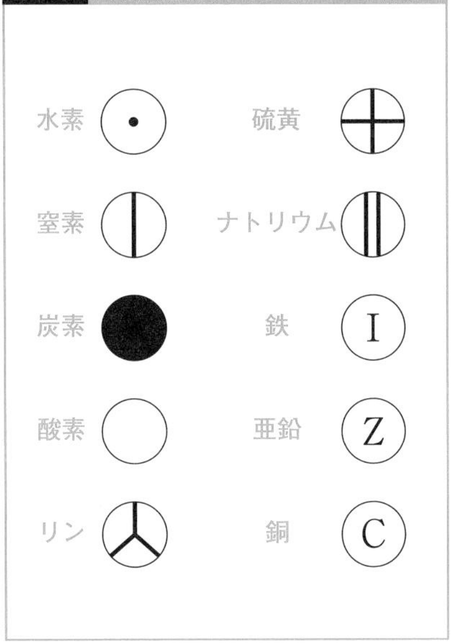

◎ H C O N Cl Na Mg Zn Fe Cuの10個

22ページで述べた通り、本書では化学反応式で使う元素記号を10個に限定します。まず、頭に入れてもらいたい非金属元素は、H：水素　C：炭素　O：酸素　N：窒素　Cl：塩素の5つです。

このうち、ふつうの温度でH：水素　O：酸素　N：窒素　Cl：塩素の単体は、原子2個が結びついた2原子分子になっています。水素なら、水素原子Hが2個結びついて$H + H → H_2$となり、単体の水素は、水素分子H_2です。私は本が大好きなので、「ホンクル（HONCl）はいつもニコニコ」という覚え方をしています。2個で分子になる理由は、原子の電子配置をもとに改めて説明します。

C：炭素は、私たちの身近では木炭や黒鉛（鉛筆の芯の成分）のような黒いかたまりがあります。炭素は有機物（有機化合物）の中心原子です。炭素Cを中心に酸素Oや水素Hなどと結びついて、たくさんの物質ができています。

次に金属原子については、Na：ナトリウム　Mg：マグネシウム　Zn：亜鉛　Fe：鉄　Cu：銅の5つです。

これらはふつうの温度で固体で、赤がね色の銅以外は銀色です。すべて電気・熱を伝えやすい（通しやすい）という性質があります。

ナトリウムの単体を身近で見ることはありません。これは、酸素や水などと反応して化合物になりやすいからです。このため、ナトリウムの単体は酸素や水に出会わないように灯油の中で保存します。

私たちの身近にマグネシウムだけの単体はありませんが、他の金属と混ぜた合金としてノートパソコンの筐体（液晶や内部を包む外箱）などに使われています。

亜鉛は、乾電池の負極に使われる金属です。鉄の表面に亜鉛をメッキしたものをトタンといいます。いったん傷がついても、亜鉛は鉄より腐食しやすいので亜鉛が腐食し、鉄が守られます。鉄と銅は、私たちの生活で身近な金属です。

序章
原子とは何か？

第1章
原子の組み替え

第2章
周期表ができるまでの化学の歴史

第3章
化学の〝道案内〟の地図。周期表

第4章
無機物質の世界

第5章
密度やモルなどの量と計算

第6章
酸・塩基と酸化還元

第7章
有機物の世界

🔬 単体の物質を記号で表す化学式

　物質がどんな原子からできているかを元素記号で表したのが化学式です。たとえば、水素や酸素などは同じ種類の原子が2個結びついて分子（2原子分子）をつくっています。元素記号を使うと、分子をつくっている原子の種類と数を化学式で表すことができます。水素分子のモデルⒽⒽのⒽをHに置き換えるとHHになり、同じ原子をまとめてH_2と個数を右下に書きます。酸素分子、窒素分子、塩素分子も同様です。

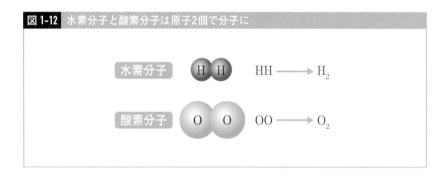

図 1-12 水素分子と酸素分子は原子2個で分子に

水素分子　ⒽⒽ　HH ⟶ H_2

酸素分子　OO　OO ⟶ O_2

　銅や鉄などの金属は、たくさんの原子が規則正しく結びついてできているので、分子のようなはっきりした単位がありません。そこで、1つ1つの原子が単位になっていると考え、銅はCu、鉄はFeと原子の記号1つで表します。金属以外では、炭素C、硫黄Sも同様に表します。

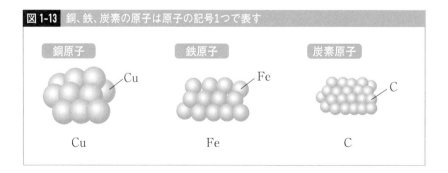

図 1-13 銅、鉄、炭素の原子は原子の記号1つで表す

銅原子　　Cu　　Cu

鉄原子　　Fe　　Fe

炭素原子　C　　C

炭素の単体は「黒色」から「無色透明」まである

　同じ元素からできているものの、原子の結びつき方が違ったりして性質が違う物質があります。それらの物質同士を同素体といいます。ほぼ炭素からできているもので、昔からよく知られているのは木炭です。木材をむし焼きにすると、分解されて木炭になります。木炭は無定形炭素といって、はっきりした結晶構造がありません。他の無定形炭素には工業用として粒子の大きさをある程度揃えてつくられるカーボンブラックがあります。他に炭素の同素体には、結晶や分子がはっきりしているダイヤモンド、黒鉛（グラファイト）、フラーレンなどがあります。つまり、炭素の同素体には木炭のような真っ黒のものからダイヤモンドのように無色透明のものまであるのです。**似ても似つかぬ黒い木炭（最も結晶化が進んだのが黒鉛）と、無色透明で最も硬いダイヤモンドは、共に炭素原子だけからできており、どちらも燃やすと二酸化炭素のみを生じます。**酸素は、酸素原子が2個結びついた酸素分子O_2からできた酸素（化学式O_2）と酸素原子が3個結びついたオゾンO_3があり、同素体の関係にあります。

有機物と無機物

　有機物、無機物という言葉は、いったい何をもって「有る」と「無い」を分けているのでしょうか？

　まず、「有機物」の「有機」は**「生きている、生活をするはたらきがある」**という意味です。英語ではオーガニックで、要は有機体とは、**生命を持ったもの**ということです。砂糖、デンプン、タンパク質、酢酸（食酢の主成分）、エタノールなどのアルコール、メタン、プロパンなど、たくさんの物質が有機物の仲間です。それらは、**「有機体がつくる物質」**なので、有機物と名づけられたのです。

　対して無機物は、水や岩石や金属のように生物のはたらきを借りずにつくられた物質です。無機物には、金属、炭素、酸素、水素、塩素、硫黄

序章
原子とは何か？

第1章
原子の組み替え

第2章
周期表ができるまでの化学の歴史

第3章
化学の道案内の地図・周期表

第4章
無機物質の世界

第5章
密度やモルなどの量と計算

第6章
酸・塩基と酸化還元

第7章
有機物の世界

図 1-14 炭素の同素体と酸素の同素体

ダイヤモンドと黒鉛

ダイヤモンド

ダイヤモンドの構造

ダイヤモンドの炭素原子は、まわりの4個の炭素原子と共有結合で互いに強く結びついている。全体が共有結合で結びついている。

黒鉛

黒鉛の構造

黒鉛の炭素原子は、炭素原子が正六角形のタイルをしきつめたように結合してできた板を重ねた形をしている。板の中のC－C間は共有結合だが、板と板は分子間力で結びついている。

酸素とオゾン

酸素原子

酸素の分子 O_2

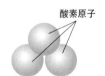

酸素原子

オゾンの分子 O_3

などの単体全部、それから化合物として塩の仲間が入ります。塩の仲間は、おおよそ物質名で見当がつきます。「…鉄」「…銅」「…ナトリウム」「…酸…」「塩化…」「酸化…」とあったら塩の仲間です。

かつて有機物は生物のはたらきでつくられ、人の手ではつくれないと思われていました。ところが、無機物から有機物をつくり出せることがわかり、**現在では、「生物の生命のはたらき」などから有機物と無機物を区別できなくなりました。**それでも有機物は、無機物と比べていろいろな特徴があるため、有機物という言葉がいまだに用いられています。現在、有機物は「炭素を中心にした物質」という意味で使われます。**現在、2億種類を超えるとされている物質の9割以上が有機物の仲間です。**この中には、天然にない有機物もたくさんあります。

ただ、**一酸化炭素、二酸化炭素、炭酸カルシウムなどの炭酸塩は炭素を元素として含んでいるものの有機物に入れません。無機物は、有機物以外の物質**ということになります。

次に、H：水素 C：炭素 O：酸素 N：窒素 Cl：塩素 Na：ナトリウム Mg：マグネシウム Zn：亜鉛 Fe：鉄 Cu：銅 の10の原子が他の原子と結びついてできた化合物の化学式を考えてみます。

水は、水素原子2個と酸素原子1個が結びついた水分子でできています。「水素原子 - 酸素原子 - 水素原子（H-O-H）」は直線状ではなく、「く」の字形に結びつきます。水の化学式（分子式）は、その形状については表さず、HOHの同じ原子をまとめてH_2Oと書きます。

炭素が燃えてできる二酸化炭素は、酸素原子2個と炭素原子1個が結びついた二酸化炭素分子からできています。「酸素原子 - 炭素原子 - 酸素原子」は直線状に結びつき、OCOの同じ原子をまとめてCO_2と書きます。

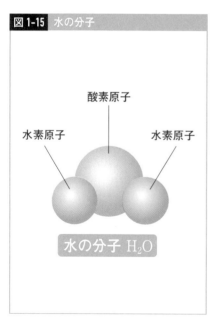

図 1-15 水の分子

水素原子　酸素原子　水素原子

水の分子 H_2O

図 1-16 二酸化炭素の分子

酸素原子　炭素原子　酸素原子

二酸化炭素の分子 CO_2

序章
原子とは何か？

第1章
原子の組み替え

第2章
周期表ができるまでの化学の歴史

第3章
化学の『道案内』の地図『周期表』

第4章
無機物質の世界

第5章
密度やモルなどの量と計算

第6章
酸・塩基と酸化還元

第7章
有機物の世界

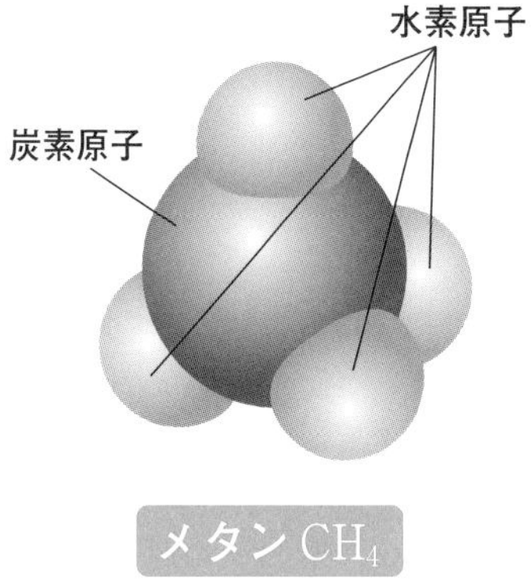

最も簡単な有機物は、メタンです。**メタン分子は炭素原子1個に水素原子が4個結びついています。**

分子の形は完全な正四面体で、中心に炭素原子、頂点4つに水素原子があることがわかっています。化学式は、**CH₄**になります。

図 1-17　メタンの分子

水素原子

炭素原子

メタン CH_4

金属元素と非金属元素の化合物の化学式

食塩の主成分である塩化ナトリウムは、ナトリウム原子と塩素原子が個数の比1：1で結びついて結晶になっています。

かつてはすべての物質が単純な分子を基本単位としていると考えられていました。つまり、塩化ナトリウムの結晶も、塩化ナトリウム分子の集まりと考えられていたのです。

しかし、**金属や塩化ナトリウムのような金属元素と非金属元素の化合物は、独立した分子が存在しない**ことがわかりました。

わかりにくいですが、たとえば氷ならそれぞれ独立した水分子が結びついてできていますが、塩化ナトリウムは塩素原子とナトリウム原子が決まった相手と結びついているのではなく、ある塩素原子、あるナトリウム原子はそれぞれいくつかのまわりのナトリウム原子、塩素原子と引き合っているのです。

改めて詳しく説明しますが、ナトリウムはナトリウムイオンという陽イオンになり、塩素は塩化物イオンという陰イオンになって、＋電気と－電気の静電気的な力（クーロン力）で引き合って結晶をつくっています。

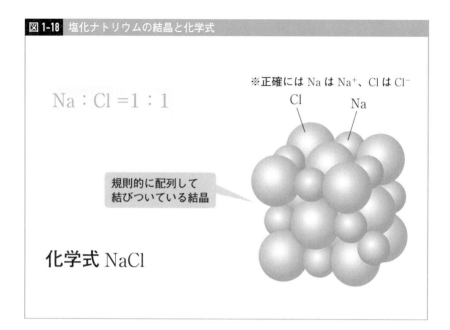

図 1-18 　塩化ナトリウムの結晶と化学式

Na：Cl ＝1：1

※正確には Na は Na⁺、Cl は Cl⁻

Cl　　　Na

規則的に配列して
結びついている結晶

化学式 NaCl

「5H₂O」は「H₂Oが 5個ある」ことを表す

序章 原子とは何か？

第1章 原子の組み替え

第2章 周期表ができるまでの化学の歴史

第3章 化学の道案内の 地図や周期表

第4章 無機物質の世界

第5章 密度やモルなどの 量と計算

第6章 酸・塩基と 酸化還元

第7章 有機物の世界

H₂と2H は何が違う？

H₂は「**水素原子が2個結びついて分子になっているものが1個ある**」ことを、2H は「**水素原子が2個ある**」ことを示しています。

5H₂O が表していること

水の化学式の先頭に、数字がつく場合があります。

$5H_2O$の場合、5は係数と呼ばれ、H_2Oが5個あることを表しています。

Hの後についている小さな2は、前のHが2個あることを示しています。Oにはないですが、1なので省略されています。

$5H_2O$の中には、水素原子が10個、酸素原子が5個含まれています。

図 1-19　5H₂O

5H₂O は水分子5個

O

H　H

水分子1個 → 水素原子2個と酸素原子1個
水分子5個 → 水素原子10個と酸素原子5個

$5H_2O$ ➡ H：10個　O：5個

二酸化炭素分子CO_2が3個あるときは、$3CO_2$になります。

$3CO_2$には、炭素原子3個と酸素原子6個があります。

「炭素の燃焼」を「化学反応式」で表す

化学反応式は便利

化学式をもとにして化学反応を表した式が、化学反応式です。

化学反応式を組み立てると、起こりそうな化学変化を予想したり、化学変化で新しい物質をつくろうとするときの材料や方法を考えたりするときの手がかりになります。

炭素の燃焼の化学反応式

炭素が燃えると、莫大な数の炭素原子の集団に酸素分子が衝突して、炭素原子同士の集まりから酸素原子 - 炭素原子 - 酸素原子という新しい結びつきをした二酸化炭素分子ができます。**化学反応式は、はじめにあった物質（反応物）の化学式を左辺に、反応の結果できた物質（生成物）の化学式を右辺に書き、矢印（→）で結びます。**炭素の燃焼を日本語で式に表すと、「炭素＋酸素→二酸化炭素」になります。化学式は炭素 C、酸素 O_2、二酸化炭素 CO_2 なので、これを化学式にすると、「$C + O_2 \rightarrow CO_2$」になります。矢印（→）の左右、つまり反応前（反応物）と反応後（生成物）で、原子の種類と数が合っているかどうかを確認します。C は1個から CO_2 の中の C 1個と等しく、O は2個から CO_2 の中の O 2個と等しいので、化学反応式はこれで完成です。

水素と酸素の化合（水素の燃焼）の化学反応式

水素 ＋ 酸素 → 水

$H_2 + O_2 \rightarrow H_2O$

この式は、左右でHの数は等しいものの、Oの数が等しくないので係数あわせという作業が必要です。

係数をつけて、左辺（反応前）と右辺（反応後）の原子の数を合わせるのは、反応の前後で原子の数が変化しないからです。

左右でOの数を等しくするために、右辺にH_2Oを1個増やします。

H_2 + O_2 → H_2O H_2O

Oの数は等しくなるが、今度はHの数が等しくありません。そこで左右でHの数を等しくするために、H_2を1個増やします。

H_2 H_2 + O_2 → H_2O H_2O

これで、左右の原子の数は等しくなります。

水素の分子2個は$2H_2$、水の分子2個は$2H_2O$と表せるので、化学反応式は「$2H_2 + O_2 → 2H_2O$」になります。

図 1-20　水の反応式

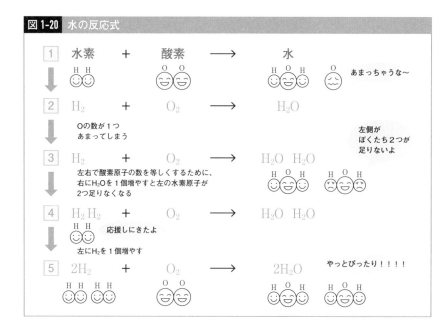

序章
原子とは何か？

第1章
原子の組み替え

第2章
周期表ができるまでの化学の歴史

第3章
化学の"道案内の地図"周期表

第4章
無機物質の世界

第5章
密度やモルなどの量と計算

第6章
酸・塩基と酸化還元

第7章
有機物の世界

「メタンの燃焼」を 化学反応式で表す

メタン（天然ガスの主成分）の燃焼の化学反応式

メタン CH_4 が燃焼すると、酸素と反応してメタンのC原子は二酸化炭素 CO_2 に、H原子は水 H_2O になります。

①反応物の化学式を矢印の左側に、生成物の化学式を矢印の右側に書く。

メタン ＋ 酸素 → 二酸化炭素 ＋ 水

CH_4 ＋ O_2 → CO_2 ＋ H_2O

このとき左右でCの数は等しいが、HとOの数は等しくない。

②Hの数を両側で等しくする。水分子を1個増やし、2個をまとめて H_2O の係数を2にする。

CH_4 ＋ O_2 → CO_2 ＋ H_2O

　　　　　　　　　　　　　　　H_2O

CH_4 ＋ O_2 → CO_2 ＋ $2H_2O$

③Oの数を両側で等しくする。CH_4 が1個とすると、CO_2 は1個、H_2O は 2個できる。CO_2 1個、H_2O 2個の中のO原子は2個で計4個。したがって、左辺に O_2 をもう1個増やす。まとめて O_2 の係数を2にする。

CH_4 ＋ O_2 → CO_2 ＋ $2H_2O$

　　　　　O_2

CH_4 ＋ $2O_2$ → CO_2 ＋ $2H_2O$

「金属の酸化・燃焼」を化学反応式で表す

序章 原子とは何か？

第1章 原子の組み替え

第2章 周期表ができるまでの化学の歴史

第3章 化学の"道案内"の地図"周期表

第4章 無機物質の世界

第5章 密度やモルなどの量と計算

第6章 酸・塩基と酸化還元

第7章 有機物の世界

金属によって反応性が違う

ナトリウム Na、マグネシウム Mg、亜鉛 Zn、鉄 Fe、銅 Cu は、この順に反応性が大きいです。たとえば、酸素と反応しやすいのもこの順です。前にも述べた通り、ナトリウムは酸素や水とすぐ反応してしまうので、酸素や水と出会わないように灯油の中に保存します。

マグネシウムに火をつけると、まぶしい光を放ちながら燃え、白色の固体物質（酸化マグネシウム MgO）に変わります。鉄はかたまりのままでは容易に燃えませんが、細かくして表面積を大きくし、酸素と接触しやすくすると空気中で燃えるようになります。ごく細い鉄線のスチールウールをほぐして火をつけると、チカチカと燃えて黒色の固体物質に変わります。じつは、鉄にはいくつかの酸化鉄があり、この場合はおもに酸化鉄(Ⅲ)Fe_2O_3ができるのです。他に、酸化鉄(Ⅱ)FeO や四酸化三鉄 Fe_3O_4 があります。

亜鉛、銅も粉末を空気中で熱すると、それぞれ白色の酸化亜鉛 ZnO、黒色の酸化銅 CuO になります。

マグネシウムの燃焼の化学反応式

マグネシウムの燃焼の化学反応式を書いてみましょう。

マグネシウム	＋	酸素	→	酸化マグネシウム
Mg	＋	O_2	→	MgO
Mg				MgO

まとめると、次のようになります。

2Mg	＋	O_2	→	2MgO

鉄　　＋　酸素　　→　　酸化鉄(Ⅲ)

Fe　　＋　O_2　　→　　　Fe_2O_3

FeもOも、矢印（→）の左右で数が合いません。そこで、まず複雑なほうの酸素原子の数を合わせます。2と3の最小公倍数6を考えて、酸素と酸化鉄のOが6個ずつになるようにそれぞれを増やします。

Fe　　＋　O_2　　→　　Fe_2O_3

　　　　　O_2　　　　　Fe_2O_3

　　　　　O_2

これで→の左右でOの数が同じ6個になり、右辺でFeの数が4個になります。そこで、左辺のFeを4個（4Fe）にします。

4Fe　　＋　$3O_2$　　→　　$2Fe_2O_3$

CuとOの結びつき（CuO）よりCとOの結びつき（CO_2）のほうが強いので、酸化銅CuOと炭素Cを一緒にして熱すると、CがCuOのOと結びついて、CuからOを取ってしまいます。このように酸化物から酸素をうばう反応を還元といいます。

酸化銅　＋　炭素　　→　　　銅　　＋　二酸化炭素

CuO　　＋　C　　→　　Cu　＋　　CO_2

→の左右でOの数が合わないので、左辺にCuOを1個増やします。

CuO　　＋　C　　→　　Cu　　＋　　CO_2

CuO

→の左右でCuの数が合わないので、右辺にCuを1個増やします。

CuO　　＋　C　　→　　Cu　　＋　　CO_2

CuO　　　　　　　　　Cu

まとめると、次のようになります。

2CuO　　＋　C　　→　　2Cu　＋　　CO_2

周期表ができるまでの
化学の歴史

第2章のあらすじ

　16ページでお話しした通り、**周期表**は、世界史における世界地図、日本史における日本地図と同じように、原子の学びの旅における“道案内の地図”の役割を果たしてくれる重要なツールです。

　周期表の見方については第3章で解説しますが、その前に本章で化学の始まりから周期表の誕生までの歴史をご紹介したいと思います。

　まず、化学の歴史をたどってみると、原始時代の人類の火の利用までさかのぼることができます。人類の火の利用が、加熱によって金や青銅、鉄といった金属を得る技術の獲得へとつながったのです。

　時代が進んで古代ギリシアになると、哲学者たちによる「すべてのものは何からできているか？」という問いを出発点として、この世界の根源についての探究が始まりました。そして、**デモクリトス**の「万物は原子からできている」という**原子論**が生まれます。また、デモクリトスの原子論への批判から、**アリストテレス**が四元素説を提唱しました。

　次に、古代から17世紀までは、錬金術が隆盛を極めます。一見、化学と錬金術は関係がないように思うかもしれませんが、じつは、錬金術の発展が、化学の礎づくりに大きな役割を果たしました。

　18世紀に入ると、**化学革命**が起こり、**ラボアジェ**が**燃焼理論**を提唱し、**元素の定義**も行いました。

　そして、いよいよ1869年、ロシアの化学者**メンデレーエフ**によって、最初の周期表が発表されます。メンデレーエフの周期表には抜け落ちていた18族の貴ガス元素が、1894年のアルゴンの発見を皮切りに、1900年に最後の貴ガス元素であるラドンが発見されたことで、周期表が1つの完成を迎えました。

原始時代の火の利用

⬇

金属の利用

| **1** 金 | **2** 青銅 | **3** 鉄 |

⬇

古代ギリシア

| **1** デモクリトスの原子論 | **2** アリストテレスの四元素説 |

⬇

古代から17世紀まで錬金術の隆盛

⬇

18世紀の化学革命

| **1** ラボアジェの燃焼理論、元素の定義 | **2** ドルトンの原子量 |

⬇

19世紀、周期表の誕生

⬇

貴ガスの発見

すべては火の利用から始まった

 人類にとって画期的だった火の利用

　二足歩行によって、人類は手で道具を使うようになりました。

　まず、人類は木材や石を材料にして道具をつくります。木製の握り棒や槍、打ち割って鋭い刃部をもった打製石器を武器にしたり、石器でとった動物を小さく切り裂いて食べたりしました。

　次は火の利用です。おそらく、人類は火山の噴火、あるいは落雷によって木や草が燃え出すような自然の火災から、物が燃える燃焼という現象を発見したのでしょう。そのような野火へ接近し、野火を火遊びに使う中で、火を一時的に使う段階を経て日常的に使うようになったのでしょう。その後、人類は木と木の摩擦、石と石とをたたきつけることによって火をつくりだす方法を発見します。

　あくまで私の推測ですが、原始時代に火に最初に興味を抱いたのは子どもたちだったのではないでしょうか。火を恐れていた大人たちと違って、原始少年たちは野火の残り火から枯れ木などに火を移し、仲間と火遊びに興じたことでしょう。そんな火遊びの中で、動物は火を恐れることに気づきます。そして、動物を火で追い払えることを知った大人たちは、恐ろしい肉食獣をみなで協力して追い払ったりしたことでしょう。

　火を知った人類は、猛獣からの防御、あかり、暖房、調理などに火を利用するようになりました。

 窯の発明

　時が進んで新人の時代になると、人類は火によって粘土が硬くなること

を知り、火は土器やレンガの焼成に利用されるようになりました。土器によって食物の調理や貯蔵の技術が改善され、食物の範囲が一層拡大しました。

初期の土器は、焼成温度600～900℃の野焼き（露天火）で焼かれました。そして、土や石などでまわりを囲んで、火と焼き物を切り離すことができる窯が発明されます。焼成温度はグンと上がり、丈夫な土器・陶器がつくれるようになりました。

最初は金属の形だった金や銅を利用

19世紀に活躍したコペンハーゲン王立博物館の館長だった考古学者**クリスチャン・トムセン**は、**人類の文明史を「石器時代」「青銅器時代」「鉄器時代」に大別しました**。この3区分は、博物館の収蔵品を利器（便利な器具）、特に刃物の材質の変化を基準に石・青銅・鉄の３つに分類して展示したことに始まります。この時代区分は、今日でも用いられています。

古代社会で最初に用いられた金属は、自然状態で金属のままでも産出した金と銅です。また、鉄隕石の鉄が利用されました。クレタ島のクノッソス宮殿では紀元前3000年頃に銅が使われており、紀元前2500年頃のエジプトのメンフィス神殿では銅の水道管が使われていました。

鉱石から金属を取り出す

金は美しいものの、道具にするにはやわらかすぎました。自然銅や鉄隕石は多量にありません。**地球上のほとんどの金属が、酸素や硫黄などとの化合物の鉱石として存在しています**。そこで人類は、**鉱石を木炭などと混ぜ合わせて加熱することによって、金属を得る技術を獲得します**。

これは、生産技術への本格的な化学反応の応用でした。鉱石から金属を取り出したり、また、取り出した金属を精製したり合金をつくったりすることを冶金といいますが、冶金で鉱石から金属を取り出すのは大変な作業でした。たとえば、銅は自然銅でも存在しますが、ふつうは銅の鉱石から

序章　原子とは何か？

第1章　原子の組み替え

第2章　周期表ができるまでの化学の歴史

第3章　化学の道案内の地図＝周期表

第4章　無機物質の世界

第5章　密度やモルなどの量と計算

第6章　酸・塩基と酸化還元

第7章　有機物の世界

取り出します。銅の鉱石は銅が酸素や硫黄と結びついているので、鉱石から酸素や硫黄を取り除かないと金属の銅は得られません。

　鉱石中の酸素や硫黄などと銅の結びつきは強くないので、酸素や硫黄などと強く結びつく物質と鉱石を一緒に加熱すれば、銅を得ることができます。当初は銅の鉱石とたきぎ（燃料にする細い枝や割木）を交互に重ねて火をつけて反応させたと考えられます。

　やがて、たきぎの代わりに木炭が使われ、さらに石を積んだ炉の中で反応させるようになりました。なお、この反応は中学校の理科「酸化銅の炭素による還元」で学びます。

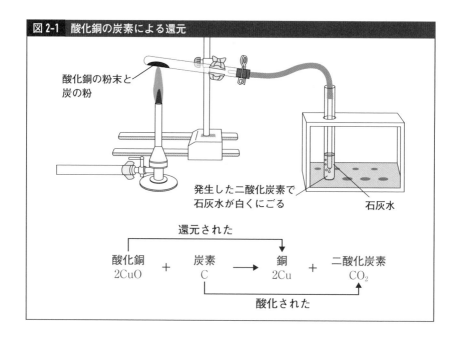

図 2-1　酸化銅の炭素による還元

酸化銅の粉末と
炭の粉

発生した二酸化炭素で
石灰水が白くにごる

石灰水

還元された

酸化銅	＋	炭素	→	銅	＋	二酸化炭素
2CuO		C		2Cu		CO$_2$

酸化された

 青銅をつくる

　得られた銅のかたまりを土器のつぼ（ルツボ）に入れて加熱すると、銅が融けて液体になります。それを鋳型に流し込んで冷ますと、鋳型の形になるのです。

銅だけではやわらかいものの、スズとの合金である青銅にすると、スズが含まれる割合によって硬さを調節できます。銅より硬くて丈夫にできるので、農業用のくわ、すき、武器としての刀ややりなどにして用いられました。

銅の融点（固体が融けて液体になる温度）が1085℃のところ、青銅は900℃よりも低い温度で融けるので、より容易に融かせます。古代エジプトでは、紀元前2000年頃から青銅が本格的に用いられました。

図 2-2　金属利用の歴史

| 金 | 青銅 | 鉄 | アルミニウムの合金 |

ツタンカーメンのマスク　銅鐸　よろい　ジェット機

古代 → 現代

青銅より硬くて強い鉄の時代へ

鉄の鉱石における鉄と酸素などとの結びつきは、銅と酸素などとの結びつきに比べるとずっと強く、鉄の鉱石から鉄を得るのは至難の業でした。

そこで、人類は木炭を使って鉄を鉱石から精錬する技術を手に入れます。青銅器文明から鉄器文明へと変わっていきました。

鉄と炭素が合わさった鋼は、青銅よりも硬くて強く、農業用の道具や武器などの材料になりました。

今も私たちは金属として鉄を断トツに使い続けています。

序章　原子とは何か？
第1章　原子の組み替え
第2章　周期表ができるまでの化学の歴史
第3章　化学の"道案内"の地図＝周期表
第4章　無機物質の世界
第5章　密度やモルなどの量と計算
第6章　酸・塩基と酸化還元
第7章　有機物の世界

古代ギリシアの原子論と四元素説

 ## 二千数百年前、ギリシアの哲学者たちは考えた

　紀元前6〜7世紀、エーゲ海東海岸のイオニア地方のギリシア植民都市ミレトスなどに、初めて「すべてのものは何からできているか？」という問いを理論的に考える人々（哲学者）が現れます。ここでは、その中でも特に**タレス**（紀元前624年頃〜546年頃）、**デモクリトス**（紀元前460年頃〜370年頃）、**アリストテレス**（紀元前384年〜322年）の3人の主張を取り上げます。タレスの生まれた紀元前624年頃から一番後のアリストテレスが亡くなった紀元前322年まで、約300年の隔たりがあります。つまり、約300年の間にギリシア文明が花開いたということなのです。

　古代ギリシアの3人の哲学者が生まれたイオニア地方はエーゲ海に面し、また黒海方面へのルート上にあったことから各植民都市は商業が発達しました。紀元前11世紀には農業において鉄器が使われるようになり、生産力が向上しました。そして紀元前7世紀に貨幣の採用によって富が商工階級に蓄積したことから、学者たちは貴族・神殿などをあてにせずとも物事を考える余裕が出てきたのです。

 ## 「すべてのものは水からできている」というタレスの主張

　「すべてのものは何からできているか？」という根源的な問いに、最初に答えたのはタレスです。タレスは、大貿易商人で、地中海を船で旅したり交易をしたり、オリーブ油をエジプトに売りに出かけたりしました。広い世界を目にした彼は「すべてのものは何からできているか？」という大問題に取り組みます。

序章 原子とは何か？

第1章 原子の組み替え

第2章 周期表ができるまでの化学の歴史

第3章 化学の・道案内の地図。周期表

第4章 無機物質の世界

第5章 密度やモルなどの量と計算

第6章 酸・塩基と酸化還元

第7章 有機物の世界

タレスは、次のような疑問を持ちました。

「世界には、数えきれないくらい、様々なものがある。ものは驚くほど様々な変わり方をする。最も根本的なことは、ものが変化するということだ。絶えず変化しているのに、ものは無から生まれることはないし、あるものが、なくなってしまうことはない。つまりものは不生・不滅である」

要は、「**数限りないものが、絶えず変化しているのに、もの全体としては不生・不滅なのはどうしてか？**」ということです。

タレスは「すべてのものがただ1つの"もと"からできているからに違いない」と考えます。そして、目をつけたのが水でした。

「水は冷えると氷になり、温めると元に戻る。温められた水は、目に見えない水蒸気に変わり、冷えると目に見える湯気になり、水滴をつくる。川や海や地面の水は、水蒸気になって空にのぼり、雲になる。雲からは雨や雪が降る。水の変わり方は様々で、どんなに変化しても消えてなくならない。金属の変わり方も、生物の体の変わり方も、水の変わり方と同じところがある。姿や形は変化しても、それらのものが、消えてなくならないのは、**すべてのものが何か"もと"のようなものからできているからだろう。金属や生物の体を形づくる"もと"も、みな同じではないだろうか。そこで、すべてのものを形づくる"もと"に"水"と名づけよう**」

タレスの"水"がきっかけになり、多くの学者が「何が万物の"もと（元素）"だろうか？」と議論を重ねました。

ある人は、"もと（元素）"を「空気」として、その圧縮と希薄によって、それぞれ水と土、火ができ、それで自然界をつくりあげていると考えました。またある人は、"もと（元素）"を"火"として、「燃え上がり、消え、いつでも活動する火」を自然界になぞらえました。

 ## 原子論者デモクリトス「アトムと空虚からできている」

そんな時代に1人の"知の巨人"が現れます。それが、**デモクリトス**です。デモクリトスは「**万物をつくる"もと"は、無数の粒になっていて、1粒1**

粒は壊れることがない」と考えました。そして、それを壊しても、それ以上小さな粒にできない1粒1粒を、ギリシア語の「壊れない物」から「**アトム（原子）**」と呼びました。

　そしてもう1つ、デモクリトスは大切なことに気づいています。それは「空っぽの空間（空虚）」、現代の科学の言葉でいえば「**真空**」です。**原子が位置を占めたり、動きまわったりするには、そのための「空っぽの空間」がなくてはならない**と考えたのです。

　デモクリトスが頭に思い浮かべたのは「無数の原子が、原子以外はない空っぽの空間の中で激しく絶え間なく動きまわり、ぶつかり合っては渦をつくり、ある原子は、別のいくつかの原子とくっつき合って、1つのかたまりになり、そのかたまりが、いつしか壊れて、もとのばらばらの原子に戻る」という世界です。

　「原子の並び方や組み合わせを変えれば、違う種類の物質をつくることもできる、**万物は原子が組み合わされることでつくられている**、"火、空気、水、土"も例外ではない」と考えたのです。

　このような万物が原子からできているという理論を、**原子論**といいます。デモクリトスの原子論からすると、鉄と鉛では同体積で鉛のほうがずっしり重く、やわらかいことは次のように説明されます。

　「鉛のほうが、原子が鉄よりもたくさん詰まっている。鉄は、原子の間にすきまがあるところとぎっしり詰まっているところがある。だから、鉛よりもすきまがあるのに硬いのだ。鉛は原子が平均的に詰まっているので、全体にすきまが少ないのに鉄のようにぎっしり原子が詰まっているところもないからやわらかい」

　現代の化学の根本原理は、原子論です。放射性の原子が存在するため、「壊れることはない原子」という考えは誤りではあるものの、古代ギリシアの時代に原子論を想像できた自然哲学者が存在したというのは、じつに驚くべきことといえるでしょう。

"多彩な天才"アリストテレスは原子論嫌い

　デモクリトスの原子論は、**アリストテレス**によって批判されます。

　アリストテレスは、デモクリトスが亡くなった年に7、8歳の少年でした。アリストテレスはプラトンの弟子であり、大帝国をつくった**アレクサンドロス大王**が皇太子時代の家庭教師でもありました。アレクサンドロス大王はアリストテレスを大切にし、学問の研究費用を惜しみなく与えました。アリストテレスはあらゆる分野について本を書き、弟子もたくさんもちました。「アリストテレスのいうことなら間違いない」というのが、当時、学問をする人たちの風潮でした。

　アリストテレスは、原子論を「どんな物だって打ち砕けば小さな粒になるではないか。壊れることのない粒なんてありえない。また真空なんて存在するはずがない。見たところ空っぽの空間にも何かが詰まっているのだ」と批判しました。当時の人々は、彼の考えを「自然は真空を嫌う」という言葉で言い表します。

　そして、アリストテレスは万物をつくる"もとのもと"を根源材料たる第一物質とします。第一物質は現実の姿も形ももたない存在であり、これに乾、湿、冷、熱の4つの性質が加わって火、水、空気、土の4元素（"もと"）ができ、これが混合して現実の世界をつくる、としました。たとえば、"もとのもと"に熱と乾という性質が加わると、火が現れると考えたのです。

図 2-3　アリストテレスの四元素説

火

熱　　　乾

空気　　　　　土

湿　　　冷

水

序章　原子とは何か？

第1章　原子の組み替え

第2章　周期表ができるまでの化学の歴史

第3章　化学の道案内の地図〝周期表〟

第4章　無機物質の世界

第5章　密度やモルなどの量と計算

第6章　酸・塩基と酸化還元

第7章　有機物の世界

2000年間栄えた錬金術が化学の礎に

 「元素は転換できる！」という信念が錬金術を支えた

　光沢があり、かつ木よりも丈夫な金属を石ころ（鉱石）からつくり出す行為は、一般の人からすればまさに"神業"だったことでしょう。

　冶金によって金属をつくる技術者は、不思議な魔力を持つ者として人々から恐れられ、尊敬されました。化学変化が神秘に満ちていた古代社会において、鉛などの卑金属を転換（変成）させて貴金属の金をつくることを本気で考える人々が出現したのは当然の流れだったといえるでしょう。

　こうした背景から、**古代から17世紀までの2000年近くもの間、錬金術が栄えることになった**のです。

 アレクサンドリアの錬金術

　紀元前331年、エジプトを占領したアレクサンドロス大王は、この地域の首都としてナイル川の河口にアレクサンドリアという都市を建設します。その後2世紀ほどの間に、アレクサンドリアは多種多様な文化と伝統が入り交じった、世界で最大の都市に成長しました。このアレクサンドリアが錬金術の発祥の地といわれています。

　エジプトには、ミイラに見られる死体防腐処理法、染色法、ガラス製造法、彩釉陶器づくり、冶金法などの技術がありました。そこにギリシア文化のアリストテレスの元素説が影響を及ぼし、「元素が持つ熱・冷・乾・湿の性質を変えることによって元素は変換できるはずだ、卑金属を金にすることだってできるはず」という考えがつくられていったのでしょう。また、この時代に知られていた単体は、金属では、金、銀、銅、鉄、スズ、鉛、水

銀、非金属元素では炭素と硫黄でした。

　金を得たいという欲望、病気の治療などの医学が動機となり、紀元後間もない頃に錬金術がアレクサンドリア以外にも南米や中米、中国、インドで始まっています。

錬金術はイスラム世界で発展

　7世紀にイスラム教はめざましい拡大を見せ、中東や中央アジアの大部分と、中近東やアフリカ北部まで支配下におきました。当初、イスラム王国は非イスラム系の学問に批判的だったものの、8〜11世紀のイスラム帝国第2の世襲王朝であるアッバース王朝が生まれると、イスラムの世界で学問が開花します。時の権力者たちは古代ギリシアだけでなく、中国やインドなどの文献もアラビア語に翻訳させました。イスラム帝国の内外から学者たちがアッバース王朝の首都バグダッドに集まり、数学、天文学、医学、化学、動物学、地理学、錬金術、占星術などの研究を進めました。

　イスラムの錬金術師たちは、古代ギリシアの科学的知識や、錬金術に霊的な意味づけをした新プラトン派の神秘主義、中国やインドの科学、錬金術などを取り入れました。そして、イスラム錬金術からは硫黄や水銀がよく用いられるようになります。

「アラビアの錬金術師」ジャービル・イブン・ハイヤーン

　760年頃にバグダッドで生まれた**ジャービル・イブン・ハイヤーン**は、「あらゆる金属は硫黄と水銀によってつくられる、硫黄と水銀の比率によって金属の性質が異なる」と考え、金は完全な比率を持つものであり、鉛は金に変えられると信じていました。そして、「鉛を硫黄と水銀に分解したうえで不純物を取り除く精製をして、その硫黄と水銀を金の比率にすれば金がつくり出せる」と考えたのです。ジャービルは、「賢者の石」といわれる金への変換において特別な物質の必要性を述べています。

　ジャービルは錬金術に取り組みながら化学の分野で大きな功績を残しま

序章　原子とは何か？

第1章　原子の組み替え

第2章　周期表ができるまでの化学の歴史

第3章　化学の“道案内”の地図。周期表

第4章　無機物質の世界

第5章　密度やモルなどの量と計算

第6章　酸・塩基と酸化還元

第7章　有機物の世界

した。金はつくりだせなかったものの、物質についての新しい知識を手に入れて整理したり、ガラス器具の性能、金属精錬の精度、さらに染料とインクの製造技術を向上させたりしました。また、塩酸と硝酸を混合して得られる王水もつくりました。**王水は塩酸、硫酸、硝酸でも溶かせない金を溶かすことができる溶液**です。

錬金術の道具

　錬金術では、加熱による融解、加熱による分解、加熱による灰化、蒸留、溶解、蒸発、ろ過、結晶化、昇華（固体から直接気体にすること）、アマルガム化（金属を水銀に溶かし合わせて合金にすること）などの操作を行います。そこで必要になるのが、窯などの炉です。炉に空気を送り込むためのふいごも利用されるようになりました。

　溶液や金属を加熱するには、容器も必要です。それがルツボです。炉とルツボ、ガラスは錬金術時代以前からありましたが、粘土に砂を混ぜて焼き固め、耐火性のルツボをつくったり、今でいうビーカーやフラスコなど、ガラスの容器もいろいろつくられたりしました。蒸留器はガラスや陶器でつくられ、蒸留には、球状の容器の上に長くくびれた管が下に向かって伸びている形をしたレトルトというガラス器具がよく使われました。液体を入れて球状の部分を加熱すると、蒸気が管の部分に結露し、管を伝って容器に取り出したい物質を集めることができます。

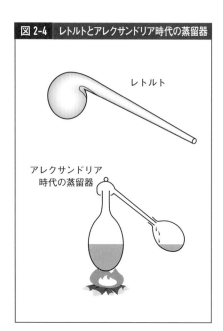

図 2-4 レトルトとアレクサンドリア時代の蒸留器

レトルト

アレクサンドリア
時代の蒸留器

「賢者の石」づくりに血道を上げたルネサンス期

　ヨーロッパにイスラム錬金術が移入されるきっかけになったのは、1096年に始まる十字軍でした。十字軍は、イスラム勢力からキリスト教の聖地エルサレムの奪還と防衛の運動で、およそ200年間に7回の遠征が行われました。12〜13世紀に、イスラム錬金術のあらゆる学派の書がラテン語に、また、古代ギリシアの文献もギリシア語からラテン語に翻訳されています。

　そして、この宇宙のしくみを解明するには錬金術を研究する必要があるという機運が盛り上がり、錬金術師たちは「『賢者の石』という特別な物質を使えば、卑金属を金に変えられる」と考え、金をつくり出すために血道をあげたのです。ただ、卑金属から金への変成に成功したという伝説は数多くあるものの、本当に成功が確認された例はありません。インチキを除けば、できたとしても合金かメッキの類いに過ぎませんでした。

　ちなみに賢者の石は、金属を金に変えるだけではありません。賢者の石には鉱物の元素も、金属の元素も、霊的な元素も入り込んでいるので、あらゆる生物の病気を治し、健康を維持する万能薬とも考えられて不老不死の薬でもあったのです。錬金術師たちが不老不死の薬を追い求めたことで、錬金術が薬の製造にも使われました。

錬金術師の生活

　16〜17世紀の画家**ピーテル・ブリューゲル**（ベルギー）が錬金術師の仕事場の絵を残しています（80ページ図2-5参照）。いろいろな道具が散乱する実験室で、欲にかりたてられて夢中になっている人間の姿を見事に1枚の絵に描き上げました。この頃には、人々は錬金術に見切りをつけ始めていました。ブリューゲルの絵にも錬金術師の悲惨な生活の様子が描かれています。混乱した実験室は、錬金術師の混乱した精神状態を表しています。右窓下には、何冊ものぶ厚い錬金術書を読む学者。これは錬金術書を何冊読もうと徒労に終わることを示しています。左側では、ルツボによる加熱

序章　原子とは何か？

第1章　原子の組み替え

第2章　周期表ができるまでの化学の歴史

第3章　化学の"道案内"の地図"周期表

第4章　無機物質の世界

第5章　密度やモルなどの量と計算

第6章　酸・塩基と酸化還元

第7章　有機物の世界

図 2-5 『錬金術師』ピーテル・ブリューゲル

©Getty Images

や蒸留が行われています。錬金術師はナベ型の帽子を被り、穴の開いたボロボロな衣服を着て、やせた背中を見せています。真ん中の女性は錬金術師の妻で、穀物袋を開けていますが、中は空っぽ。その横の女性は助手で、ふいごで風を送って火を燃やしています。窓の左横の子どもたちは炉棚から食べ物を探しているものの、見つかったのは空っぽの料理用のお釜だけ。窓の外では、錬金術師一家が子どもの手を引いて救貧院を訪ねようとしています。結局、数世紀にわたった錬金術は卑金属を金に変成する第一歩となるはずの賢者の石をつくることができずに衰退し、その後、近代化学が生み出されることになるのです。

19世紀の化学者**ユストゥス・フォン・リービッヒ**は、「賢者の石にまつわる謎がなかったら、化学はいまある姿になっていなかっただろう。なぜなら、**賢者の石のようなものが存在しないという事実を発見するために、人々は地球上のありとあらゆる物質を詳細に調べる必要があった**からだ」と述べています。

「空気に似た気体」の
正体は「ガス」だった

序章　原子とは何か？

第1章　原子の組み替え

第2章　周期表ができるまでの化学の歴史

第3章　化学の"道案内"の地図＝周期表

第4章　無機物質の世界

第5章　密度やモルなどの量と計算

第6章　酸・塩基と酸化還元

第7章　有機物の世界

"空気"とは違う蒸気

　錬金術師は、私たちの身のまわりにあるいわゆる「空気」とは違う、悪臭を放つ空気の存在に気づいていました。また、香料や様々な油などが「蒸気」になることも知っていました。このような蒸気は空気とは違うと考えられて「スピリッツ（精）」と呼ばれました。スピリッツは頻繁に使われるうちに実験室で使われる蒸発しやすい液体、つまり**アルコール**を指すようになります。現在、蒸留酒がスピリッツと呼ばれているのは、このような経緯があったからです。

「ガス（気体）」の名付け親、ベルギーのファン・ヘルモント

　ヘルモント（1579〜1644）が62 kgの木を燃やす実験をしたところ、後に灰が1.1 kg残りました。発生した蒸気の見かけは空気と同じようですが、それを集めてロウソクを入れると火が消えました。つまり、木には「空気に似たもの」が含まれていると考えたヘルモントは、それを「木のスピリッツ」と名づけます。この「木のスピリッツ」は、ワインやビールの発酵、アルコールの燃焼で生まれる「空気に似たもの」と同じものだと考えられました。さらに実験を進めると、空気以外に「空気に似たもの」がいろいろあることに気づきます。彼は錬金術師でもあったので、古代ギリシアの神話の中で、宇宙は最初無秩序なカオス（混沌）だったとされていたことから「空気に似たもの」をカオスと呼ぶことにしました。彼が暮らしていた地域では、子音を喉音で強く発音することから、カオスがガオスに聞こえ、後にガスという言葉になったのです。

燃焼の正しい理論が確立し、「化学革命」が起こる

 燃えるのは、フロギストンが飛び出すこと？

18世紀初頭、ドイツの**ゲオルク・シュタール**（1659〜1734）が、「**燃えるものは灰とフロギストン（燃素）からできていて、ものが燃えるのはフロギストンが放出されるから**」という説を唱えました。ロウソク、炭、油、硫黄、金属など、すべての燃焼する物質にはフロギストンというものが含まれていて、燃焼するとフロギストンが飛び出すというのです。たとえば、炭は燃焼後にわずかな灰しか残さないので、フロギストンを多量に含む物質だとされました。燃焼して灰になることから、金属も灰とフロギストンが結びついてできていると考えられたのです。

18世紀末まで、このフロギストン説が支配的でした。燃焼は、「燃える物質」から「燃素」を除くと「灰」になると説明されていたのですが、**金属が燃えて金属灰になるときに重くなるという現象に対してうまく説明ができませんでした。**この点について、フロギストンはマイナスの質量をもっているという説明をしていました。

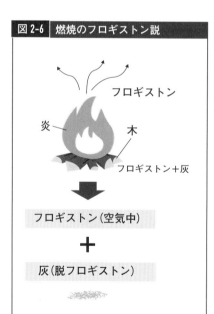

図 2-6 燃焼のフロギストン説

フロギストン

炎 木

フロギストン＋灰

↓

フロギストン（空気中）

＋

灰（脱フロギストン）

二酸化炭素、窒素、酸素、水素が次々と発見される

序章　原子とは何か？

第1章　原子の組み替え

第2章　周期表ができるまでの化学の歴史

第3章　化学の道案内の地図＝周期表

第4章　無機物質の世界

第5章　密度やモルなどの量と計算

第6章　酸・塩基と酸化還元

第7章　有機物の世界

二酸化炭素の発見

18世紀の中頃、イギリスのスコットランドのエディンバラ大学に、**ジョセフ・ブラック**（1728〜1799）という大学教授がいました。ブラックは熱の物理学の土台をつくった人です。1756年、ブラックは、**木灰（炭酸カリウム）**や**石灰石（炭酸カルシウム）**の化学反応について、天びんを使って重さを調べながら研究しました。そして、これらの**固体の中に固まる空気（固定空気）が含まれている**ことを発見しました。

ブラックの同僚だった化学者は、「空気のような希薄な物質が、かたい石の状態で存在し、そのことが石の性質を大きく変えてしまうなんて、これほど不思議なことがあるだろうか」と、著書の序文で述べています。ここでいう、かたい石とは炭酸カルシウムでできた石灰石や大理石のことです。また、**固定空気とは二酸化炭素のこと**です。この固定空気が空気の中にも含まれていることをブラックは発見しています。

ビーカーに**石灰水（水酸化カルシウム水溶液）**を入れて空気にさらしておくと、表面に白い皮のようなものができます。この「皮のようなもの」を集めて酸をかけると、石灰石と同じように泡を出しながら溶けたことから、石灰石と同じ物質だとわかりました。現在の学校の教科書には、気体が二酸化炭素かどうかを確かめる方法として、気体を石灰水に通して白い沈澱ができれば（白くにごれば）、二酸化炭素だと説明されています。ブラックは固定空気を気体としてつかまえて調べようとはしませんでしたが、10年あまり経った後、イギリスの**ヘンリー・キャベンディッシュ**（1731〜1810）が、**水上置換**で集めて密度をはかりました。

窒素の発見

1772年、イギリスの**ダニエル・ラザフォード**（1749〜1819）は、呼吸や燃焼によって普通の空気から取り除かれた残りの気体について、不燃性で、この中では動物が生きられないことから「**毒空気**」と名づけました。これが窒素です。

 ## 酸素の発見

1774年、イギリスの**ジョゼフ・プリーストリ**（1733〜1804）が『各種エアについての実験と観察』という本を出します。

プリーストリはいろいろな気体の性質を水と置き換える**水上置換**ではなく、水銀と置き換える方法で集めて調べました。水に溶けやすくて水上置換では集められない気体も、これなら集めることができます。プリーストリは**塩化水素ガス**（水に溶かすと塩酸になる）や**アンモニアガス**も調べることができました。

彼の最大の発見は、なんといっても**酸素ガス**です。金属の**水銀**は、皿に入れて加熱すると少しずつ蒸発し、表面に黄赤色の皮のような**水銀灰**ができます。一度できた水銀灰は、さらに高い温度で加熱すると再び金属の水銀に戻ります。**プリーストリは、水銀灰から酸素ガスを分離した**のです。

まず、水銀を入れた容器に、水銀と水銀灰が入った試験管のような管を逆さに立てました。水銀灰は水銀より軽いので管の頂上にいきます。そこで管の頂上にたまった水銀灰に大きな凸レンズで太陽光を集めて加熱しました。

すると、水銀灰から気体が出て管の上部にたまりました。プリーストリがその気体を取り出してロウソクの火を入れたところ、ロウソクはまばゆい光を出して激しく燃えたのです。1774年8月1日のことでした。この気体の中にハツカネズミを入れても元気に動きまわりました。プリーストリは、この気体に「**脱フロギストン空気**」と名づけました。

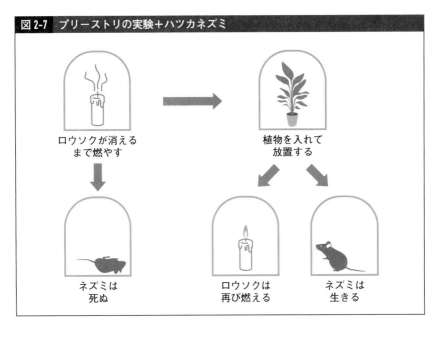

図 2-7　プリーストリの実験＋ハツカネズミ

ロウソクが消える
まで燃やす

植物を入れて
放置する

ネズミは
死ぬ

ロウソクは
再び燃える

ネズミは
生きる

序章　原子とは何か？

第1章　原子の組み替え

第2章　周期表ができるまでの化学の歴史

第3章　化学の道案内の地図◦周期表

第4章　無機物質の世界

第5章　密度やモルなどの量と計算

第6章　酸・塩基と酸化還元

第7章　有機物の世界

　じつは、プリーストリより1年前にスウェーデンの化学者**カール・シェーレ**（1742〜1786）が、やはり水銀灰から同じ気体を発見して「火の空気」と名づけていました。酸素ガスは、シェーレのほうが早く発見したにもかかわらず、なんと印刷所の手抜かりでプリーストリの研究が先に発表されてしまったのです。

　「脱フロギストン空気」にしろ「火の空気」にしろ、この気体の名前には、ボイルの火の粒子説やフロギストン説の影響がうかがわれます。

フロギストンとおぼしき気体を発見

　1766年、イギリスの化学者の**キャベンディシュ**は、金属と希硫酸を反応させて、金属に含まれている"空気"を調べました。

　発生した気体は、水やアルカリに溶けず、大気中でよく燃えましたが、その気体と空気の混合気体に火をつけてみると、爆発して水ができたのです。

　さらに彼は、気体を識別する新しい方法として密度を測定し、この気体

が非常に軽いことを示しました。

　"可燃性空気（燃える空気）"と名づけられたこの気体は、軽く、また燃えるため、フロギストンそのものか、もしくはフロギストンと空気とが結びついたものだと考えられました。なお、この気体は、1783年に「水を産む」というギリシア語が由来となって水素と名づけられています。

フロギストン説を倒したラボアジェの化学革命

　「化学革命の父」と呼ばれた**アントワーヌ・ラボアジェ**（1743〜1794）は、ジョゼフ・プリーストリが「脱フロギストン空気」、カール・シェーレが「火の空気」と呼んだ空気中の気体を「酸素」と名づけ、**燃焼は可燃物と酸素が結びつくことだという燃焼理論**や、**「元素はもはやこれ以上、化学的には分解できない基本成分」として33の元素表を発表するなどして、新しい元素観を確立**しました。

　29歳のとき、ラボアジェは「ペリカン実験」と呼ばれる実験を行っています。

図 2-8　変わった形のガラスびん「ペリカン」

　ラボアジェは、実験用としてガラス細工の職人に変わった形のガラスびんをつくってもらい、そのガラスびんを「ペリカン」と呼びました。水をガラスや陶器製の皿で長い間熱していると、白いふわふわとした沈澱ができ、水を完全に蒸発させると白い粉が残ります。そのため、当時、多くの学者たちは「水を熱すると土になる」と信じていました。

　このことを確かめるため、ラボアジェは、何度も蒸留した純粋な

水をペリカンに入れて101日間熱し、沸騰し続けたのです。

　すると、沈澱がたくさんできたので、冷ました後に沈澱をろ過し、よく乾かして全体の重さをはかってみました。

　ろ過した水にも、これから土になろうとするものが含まれているだろうという推測から水を蒸発させ、できた沈澱の重さをはかりました。ペリカンも、よく乾かしてから重さをはかりました。

　結果は、（ろ紙でこし分けた沈澱）＋（熱した水からできた沈澱）の重さと、（元のペリカンよりも軽くなった分）が同じでした。つまり、**「水が土になったのではなく、びんのガラスが溶けて沈澱になった」**ことが確認できたのです。こうしてラボアジェは、高精度の天びんを活用して重さの変化を追究することで、化学変化を調べる方法を身につけたのです。

フロギストン説を追放した燃焼理論の確立

　ラボアジェは、かつてロバート・ボイルが、「レトルトの中で金属のスズを灰化させたら重くなったのは、火の微粒子がガラスを突き通してレトルトに飛び込んでスズに結びついたからだ」と説明した実験も行っています。スズが入ったレトルトの口を封じて重さをはかり、次に凸レンズでスズを熱して灰にした後、熱するのを止めて全体の重さをはかってみたのです。すると、変わりがなかったことから、ラボアジェは、**灰が重くなったのはレトルト内の空気がスズに吸収されたからだ**と考えます。

　そして、水銀に浮かべた小皿に**リン**を置いて燃やす実験をします。リンは燃えた後に白い粉になり、重さが増えました。空気は約5分の1減っており、残った空気はもう燃焼を起こす性質はありませんでした。

　1774年10月のある日、プリーストリがイギリスからパリに来訪したことへの歓迎会の場で、プリーストリは「脱フロギストン空気」の話をします。その話を聞いたラボアジェは、熱せられた金属やリンと結びつくのはこのことが原因ではないかと考え、次ページの図のような実験装置を組み立てました。

序章　原子とは何か？

第1章　原子の組み替え

第2章　周期表ができるまでの化学の歴史

第3章　化学の“道案内”の地図＝周期表

第4章　無機物質の世界

第5章　密度やモルなどの量と計算

第6章　酸・塩基と酸化還元

第7章　有機物の世界

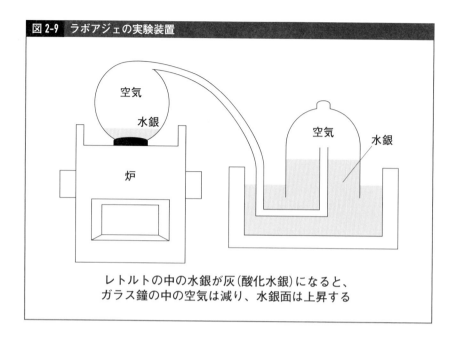

図 2-9　ラボアジェの実験装置

空気
水銀
炉
空気
水銀

レトルトの中の水銀が灰（酸化水銀）になると、
ガラス鐘の中の空気は減り、水銀面は上昇する

　レトルトには、水銀と空気が閉じ込められています。ラボアジェは来る
日も来る日も、夜も昼も炉でレトルトを熱し続けました。そして、ガラス
鐘の中の空気の体積、水銀灰の重さをはかり、水銀灰を熱してできた気体
（プリーストリがいう脱フロギストン空気）の体積をはかりました。すると、
水銀灰ができたときに吸収された空気の体積と同じだったのです。この結
果についてラボアジェは、「**空気は、ものを燃やし、金属を灰に変化させる
気体Aと、燃焼には関係のない気体Bからなっている**」「**燃焼のとき、燃え
る物質と気体Aが結びついて新しい物質ができる**」と考えました。こうし
て、フロギストンを考える必要がなくなったラボアジェは、気体Aに酸素
ガスという名前をつけます。炭素、硫黄、リンなどが燃えると二酸化炭素
（炭酸ガス）、二酸化硫黄（亜硫酸ガス）、十酸化四リン（水と加熱するとリ
ン酸）といった酸性の物質になることから、「酸をつくるもの」の意味のギ
リシア語から酸素という名前にしました。後に、**塩酸（塩化水素の水溶液）
には酸素が含まれておらず、酸の素は水素**であることが判明します。

元素の定義と体系的な命名

　ラボアジェは、**元素を「もはやこれ以上、化学的には分解できない基本成分である」**としました。ラボアジェは、分析技術などの発達によって、それ以前は分解できずに元素と考えられていた物質も、やがて化合物であることが証明される日が来るだろうと予見しました。ラボアジェは、たとえばキャベンディシュが発見していた「燃える空気」は単体に違いないと考えました。「燃える空気」は、酸素と結びついて水になります。**水（水蒸気）を、熱した鉄のパイプに通すことで水素をつくることができます。**その水素はもう別の物質にできません。したがって、**「燃える空気」は「水をつくる元素＝水素」**と呼ぶことにしたのです。

　ラボアジェによる1789年の著書『化学の基本の講義──新しい系統で述べられ、最近の発見に基づく』（『化学原論』ともいわれる）にあげられた**33の元素のうち、「マグネシア」「石灰」を含めた8つは、後に化合物であることが明らかになりました。**その本の元素表の完全な間違いは「熱」（カロリック）と「光」の2つを元素にしたことでした。元素の「熱」は、重さはないものの液体や気体と同じように振る舞うと考えられていましたが、熱や光が元素ではないことは、後に物理学者の手で明らかにされています。

　ラボアジェは、酸素や水素のように新しい元素をその化学的性質をもとに命名するようにしました。化合物についても構成する元素の名前を組み合わせた名前にしています。この命名法によって、「臭いガス」は硫黄と水素からできているので**「硫化水素ガス」**と名付けられました。

　ラボアジェは、フランス革命の最中の1794年5月8日、革命裁判所における審判において「フランス人民に対する陰謀」との罪で死刑が宣告され、その日のうちにギロチンにかけられました。享年50歳でした。なお、ラボアジェが処刑された理由は、税金徴収請負人という、国家の代理で税をとりたてる仕事をしていたためでした。

序章　原子とは何か？

第1章　原子の組み替え

第2章　周期表ができるまでの化学の歴史

第3章　化学の道案内の地図。周期表

第4章　無機物質の世界

第5章　密度やモルなどの量と計算

第6章　酸・塩基と酸化還元

第7章　有機物の世界

ラボアジェの化学革命に続いたドルトンの原子論

 ## 小さな塾の教員や個人で過ごしたジョン・ドルトン

学校の教科書において、原子の話の中で必ず登場する人物が、イギリスの**ジョン・ドルトン**（1766〜1844）です。貧しい農家に生まれたドルトンは、家計を助けるために、なんと12歳のときに塾を開いて教員になります。しかし、勤めるとなんやかやの仕事があることから辞めてしまい、子どもたちに科学と数学を個人教授して生計をたてました。ぜいたくを嫌い、質素に暮らしたドルトンは、日課をきちんとこなして規則的だったことから、近所の人が彼の通行に合わせて時計を直したほどでした。

 ## 気象の研究から原子論へ

ドルトンは自ら気象観測器具をつくって、気圧や気温などを死の直前まで毎日56年間も記録し続けました。気象観測から、ドルトンは大気と気体について考えたのです。

当時、科学の世界では「密度が違う酸素と窒素が、高度が違っても同じように混じり合う」ことが大きな謎になっていました。この謎について、ドルトンはニュートンの『プリンキピア』を読んで、「気体は微粒子、すなわち原子からできていて、この微粒子同士が近づくと、はね返し合う」ことから、原子の考えで説明したいと考えます。

いろいろな実験と考察を試みた結果、ドルトンが到達したのは「酸素と窒素などは、原子の大きさや重量が違うのではないか」という考えでした。そこで、「一番軽い気体である水素ガスの水素原子の重量を1とした場合、酸素や窒素はそれぞれ何倍の重量をもっているか」を求めようとしました。こ

れは、今日でいうところの「原子量」を求めることです。

前提は、「**すべての物質は、みなそれぞれに、重量も形も完全に同じ原子からできている**」ということです。水素と酸素は重量にしてほぼ1対8の比で化合して水になります。水素原子や酸素原子が何個ずつ結びついて水になるかはわからなかったので、原子数の比を1対1と仮定しました。ということは、水素原子の重量を1とすれば、酸素原子は8になります。つまり、水素の原子量は1、酸素の原子量は8になります。

正しくは、水素の原子量は1、酸素の原子量は16なので、ドルトンの考えには間違いがありました。なぜなら、最単純性の原理という仮定（2つの元素からただ1つの化合物ができる場合、その結びつく原子の数の比は1対1である）の上に立っていたからです。

1803年9月6日、ドルトンは世界最初の原子量表をノートに書き込みました。奇しくも、その日はドルトンの誕生日でした。さらに、ドルトンは、口頭発表や論文発表をしたり、化学に関する学説を『化学の新体系』（全2部、1部を1808年に出版）にまとめたりしました。その著書の中には、原子量について10頁の記述があります。

 ## 原子量発表当時の反応と今日への功績

結局、ドルトンは、原子量表を提出したものの原子量を正しく求めることができませんでした。なぜなら、最単純性の原理をもとにしてしか原子量を算出できなかったからです。

ドルトンの功績は、その原子量は不十分であったにもかかわらず、化学の研究において原子量を探究することが大変重要だと見抜いて、その後の原子量の探究の火付け役になった点にあります。ドルトンたちが打ち立てた原子論は、以後の化学の発展の基礎になったのです。

 ## アボガドロの法則と分子の概念

「酸素ガスや水素ガスの分子はO、Hなのか？ O_2、H_2なのか？ 水の分子

序章 原子とは何か？

第1章 原子の組み替え

第2章 周期表ができるまでの化学の歴史

第3章 化学の〝道案内〟の地図◆周期表

第4章 無機物質の世界

第5章 密度やモルなどの量と計算

第6章 酸・塩基と酸化還元

第7章 有機物の世界

はHOなのか？ H_2Oなのか？」という問いに、化学者は長らく悩まされていました。なぜなら、このことが解決しないと、正しく原子量を決めることができないからです。

　現在では、酸素ガス、水素ガスや水の分子はO_2、H_2、H_2Oとわかっていますが、このことが問題になってから化学者が確かめるまでに半世紀近くもの年月がかかりました。

　ドルトンが初めて原子量の決め方を発表してから3年後の1811年、イタリア人の**アボガドロ**（1776〜1856）が、「**どの気体も、温度と圧力が同じなら、同じ体積の中に、同じ数の分子を含んでいる**」という「アボガドロの法則」を発表します。また、アボガドロは「**水素、酸素などの気体は原子が2個結びついた分子からできている**」としました。気体の水素は水素原子が2個結びついた分子、気体の酸素は酸素原子が2個結びついた分子からなると考えると、水素原子の原子量を1とすれば、酸素原子の原子量は16になります。

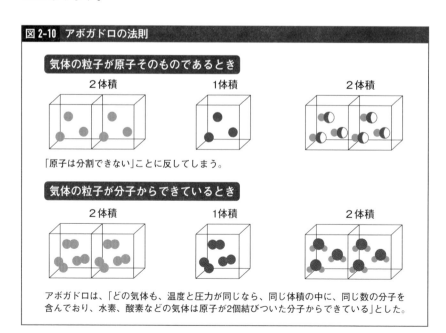

図 2-10　アボガドロの法則

気体の粒子が原子そのものであるとき

2体積　　　　　1体積　　　　　　　　2体積

「原子は分割できない」ことに反してしまう。

気体の粒子が分子からできているとき

2体積　　　　　1体積　　　　　　　　2体積

アボガドロは、「どの気体も、温度と圧力が同じなら、同じ体積の中に、同じ数の分子を含んでおり、水素、酸素などの気体は原子が2個結びついた分子からできている」とした。

元素が周期表にまとめられ、「物質界の地図」に

序章 原子とは何か？

第1章 原子の組み替え

第2章 周期表ができるまでの化学の歴史

第3章 化学の“道案内”の地図。周期表

第4章 無機物質の世界

第5章 密度やモルなどの量と計算

第6章 酸・塩基と酸化還元

第7章 有機物の世界

 ## 現在、原子量は炭素12を12として決めている

　原子があるかどうかもわからない時代、科学者たちは想像力と実験事実をもとにした論理で、**原子の重さ（質量）**を決めていました。

　その方法とは、どれか1つの原子の重さを標準にとったとき、他の原子はどのようになるか（標準の原子と比べて何倍になるか）というもので、つまり原子の相対的な質量です。

　このような**原子の相対的な質量を「原子量」**といいます。標準の原子として、最初は一番軽い水素原子を1とし、次に酸素を16としたりしていましたが、1961年以降は「質量数（＝陽子数＋中性子数）12の炭素原子の質量を12」としています。そのため、各原子の原子量は、「原子1個の質量÷1個の炭素12の質量×12」になります。

 ## 新しい元素が次々と発見される

　19世紀になると、ボルタの電池による電気分解や分光分析法などによって新しい元素が続々と発見されます。そして新しい元素を探し求める旅は、周期表の登場によって最高潮に達します。元素の増加にともなって、**周期的に現れる元素の性質の類似性が周期表に体系化された**からです。

　イギリスの化学者**ハンフリー・デービー**（1778〜1829）は、新元素として**ナトリウム、カリウム、ストロンチウム、カルシウム、マグネシウム、バリウム、ホウ素**を発見しました。彼は、1807年に250枚もの金属板を使って史上最強の電池をつくり、ラボアジェが「分解できない元素」と考えていた**水酸化カリウム**と**水酸化ナトリウム**の電気分解に取り組みました。最

初にそれらの水溶液に電流を流しますが、水の分解しか起こりません。そこで水を取り除き、加熱して融解させたものに電流を流したところ、金属のカリウムとナトリウムの小球が得られたのです。

　デービーが発見したナトリウムとカリウムは、その大きな還元力によって、当時はまだ化合物から取り出す方法がなかった金属を得る強力な手段になりました。

　1825年、デンマークの物理学者**エルステッド**がアルミニウムの分離に成功し、1827年にはドイツの化学者**フリードリヒ・ウェーラー**（1800〜1882）がエルステッドよりも純粋なアルミニウムを取り出しました。

　彼らの方法は、**塩化アルミニウムとカリウムを混ぜて加熱することで、カリウムが塩化アルミニウムの塩素を奪って塩化カリウムになり、アルミニウムを得る**というものでした。

 ## 元素を整理する試み

　ラボアジェ以後、新しい元素が次々と発見されます。

　ロシアの化学者**ドミトリ・メンデレーエフ**（1834〜1907）が「**元素の周期表**」を発表した1869年までに63種の元素が発見されました。

　そして、多数の元素が発見されたことから、「元素間に何らかの関係があるのではないか？」という疑問が生じ、当時の化学者は元素を分類して整理しようと試みます。

　メンデレーエフより前には、ハロゲン族やアルカリ金属、白金族のような類似性のある元素のグループの存在、化学的性質が似ている3つ組元素「塩素、臭素、ヨウ素」「カルシウム、ストロンチウム、バリウム」「硫黄、セレン、テルル」の3グループの存在、元素を原子量順に7列に並べて、音楽の「オクターブ（8音階）」になぞらえ、「どの元素を1つ目に選んでも8つ目の元素は1つ目の元素の性質に似ている」という「**オクターブの法則**」などが提唱されました。

　ペテルスブルグ大学で化学を教え、講義用教科書を書き始めたメンデレ

ーエフは、元素を体系的に取り扱う理論に興味を抱きます。そして、**原子量が1つのカギになる**と考えたのです。

　まず、メンデレーエフは窒素の族、酸素の族、ハロゲン族を原子量の順に並べました。次に、1枚のカードに1つの元素の原子量と名前と化学的性質を書き込んだものを、原子量の小さい元素から順に左から右へ配置し、さらに原子価の同じ元素が上下に並ぶように、何段にも重ねて並べてみました。こうして周期表の最初の形ができ上がり、1871年にドイツのリービッヒが編集している『化学年報』に投稿し、掲載されたのです。

　メンデレーエフは、周期表に「**将来発見されると思われる元素**」として空欄を設け、特に3つの元素について詳しくその性質を説明しました。

　これらの空欄は、それぞれホウ素、アルミニウム、ケイ素の下にありました。彼はサンスクリット語で「1」を意味する接頭語「エカ」を用いて、それらをエカホウ素、エカアルミニウム、エカケイ素と名づけます。

　そして1875年に分光分析法で新しい元素が発見され、ガリウムと命名されました。それが、メンデレーエフが予言していたエカアルミニウムであること、また、発表された元素の密度の測定は間違っているに違いないことが主張されます。実際、ガリウムの性質はメンデレーエフが予言したエカアルミニウムとよく一致し、密度も発見者が測り直したところエカアルミニウムに近かったのです。その後、スカンジウムとゲルマニウムが発見され、それぞれの性質は予言されたエカホウ素、エカケイ素とほぼ同じでした。

　現在の周期表では、**原子量順ではなく、原子番号（原子の原子核の中の陽子数）の順に118種類の元素が並んでいます**。なお、原子番号93番以降の元素は人工元素です。

　発表された当初、化学者は周期表に注意を払いませんでしたが、メンデレーエフの予言があたったこともあって一般的に承認され、新しい元素の探索や元素間の関係について調べることの「地図」の役割を果たすようになったのです。

序章　原子とは何か？

第1章　原子の組み替え

第2章　周期表ができるまでの化学の歴史

第3章　化学の。道案内の地図。周期表

第4章　無機物質の世界

第5章　密度やモルなどの量と計算

第6章　酸・塩基と酸化還元

第7章　有機物の世界

貴ガス元素の発見

　ただ、メンデレーエフの周期表には、貴ガス元素がすっぽりと抜けていました。貴ガスの発見は1894年、イギリスの科学者**ウイリアム・ラムゼー**（1852〜1916）と**レイリー**（ジョン・ストラット、1842〜1919）による**アルゴン**の発見から始まります。

　レイリーは、大気からの分離で得られた窒素が窒素化合物から得た窒素よりもわずかに密度が大きいことを発見しました。そこで、「大気の中に新元素が含まれているのではないか？」と考え、ラムゼーの協力により、粘り強い実験をくり返し、空気中に約1パーセント含まれるアルゴンを発見したのです。アルゴンは、空気中に体積比で窒素、酸素の次の3番目に多く含まれています。ラムゼーは引き続き、空気中から**ネオン**、**クリプトン**、**キセノン**を発見しました。

　ラムゼーは、皆既日食のときの太陽コロナの分光分析で見つけていたヘリウムを、地球上でもウラン鉱石から単離しました。アルゴンのように空気中にたくさん含まれていたのに、長い間、存在がわからなかったのは、他の元素と反応せず（＝化学的に不活性）、隠れた存在だったからです。そのため、アルゴンはギリシア語の「アルゴス（なまけもの）」から元素名を名づけられました。

　貴ガス元素で最後に発見されたのは**ラドン**です。ラドンは1900年、キューリー夫妻によって発見されました。

　1904年、レイリーは「気体の密度に関する研究、およびこの研究により成されたアルゴンの発見」によりノーベル物理学賞を、ラムゼーは「空気中の貴ガス元素の発見と周期律におけるその位置の決定」によりノーベル化学賞を、それぞれ授与されました。

　発見された貴ガスは周期表の右端に配置され、その後、**貴ガスが化学的に不活性で非常に安定であることは、その原子の電子配置から明らかになりました。**

第3章

化学の"道案内の地図"
周期表

第3章のあらすじ

　前章で、化学の始まりから、19世紀のメンデレーエフの周期表の発表までの歴史についてお話ししました。

　20世紀に入ると、原子がさらに小さい粒子から構成されていることが判明します。

　そこで本章では、周期表を用いながら、電子という原子よりもさらにミクロな世界について解説します。

　まず、原子は、中心にある原子核（陽子＋中性子）と、その周囲にある電子からできていることがわかりました。

　原子の中の電子は、原子核のまわりでいくつかの層（電子殻）に分かれて運動しています。原子核に近い内側から順に、Ｋ殻、Ｌ殻、Ｍ殻、Ｎ殻……、と並んでいます。

　電子の電子殻への配置を電子配置、電子の入っている最も外側の電子殻を価電子（最外殻の電子）といいます。最外殻の電子は、原子と原子が結合するときに重要なはたらきをします。

　化学変化では、原子の組み替えが起こりますが、そのとき変化するのは原子核ではなく電子たちです。特に、最外殻の電子をやりとりしたり、共有したりします。

　このときの原子と原子の結合は、化学結合といいます。

　化学結合には、イオン結合、共有結合、金属結合の3つがあります。

　貴ガスを除く、ほとんどすべての物質は、原子と原子が化学結合してできているのです。

原子核の構造

| 1 陽子 | 2 中性子 |

↓

電子殻

| 1 電子 | 2 電子配置 | 3 価電子 |

↓

周期表

| 1 原子番号 | 2 族と周期 | 3 金属元素 / 非金属元素 |

↓

化学結合

| 1 イオン結合 | 2 共有結合 | 3 金属結合 |

↓

1 陽イオン
2 陰イオン
3 イオン化傾向

↓

1 電子対
2 不対電子

↓

1 自由電子
2 金属結晶

元素は「原子核の陽子の数」で区別する

 原子の内部

　20世紀に入ると、原子がさらに小さな粒子から構成されていることがわかりました。**原子は中心にある原子核と、その周囲にある電子からできています。原子核は原子の質量の大部分（99.9%以上）を占め、正（＋）の電荷をもつ陽子と、電荷をもたない中性子の集団**です。陽子と中性子はほぼ等しい質量です。電子の質量は、陽子の質量の約1840分の1です。電子のもつ電荷は、陽子のもつ電荷と絶対値は等しいですが、符号が反対です。原子核にある陽子の数とその周囲にある電子の数が等しいため、原子は、全体として電荷をもっていません。

　最も小さい原子は水素原子です。原子核に陽子1個、その周囲に電子1個です。他の原子は原子核に陽子と中性子が含まれています。水素原子1個の質量はほぼ陽子1個の質量ですが、原子の大きさでは原子核は全体のほんの一部です。直径20 mの球を水素原子とすると、その中の原子核の大きさは直径1 mm程度です。原子の中はスカスカといえるでしょう。

原子番号と質量数

　原子核に含まれる陽子の数は元素によって決まっており、それを原子番号といいます。原子のもつ電子の数は陽子の数に等しいので、**電子の数も原子番号に等しくなります**。原子の質量は原子核にある陽子の数と中性子の数で決まります。約1840個の電子を集めてやっと陽子1個（＝中性子1個）分の質量なので、電子の質量は無視できるのです。原子核を構成している陽子の数と中性子の数の和を、その原子の質量数といいます。

序章 原子とは何か？

第1章 原子の組み替え

第2章 周期表ができるまでの化学の歴史

第3章 化学の"地図"周期表の道案内

第4章 無機物質の世界

第5章 密度やモルなどの量と計算

第6章 酸・塩基と酸化還元

第7章 有機物の世界

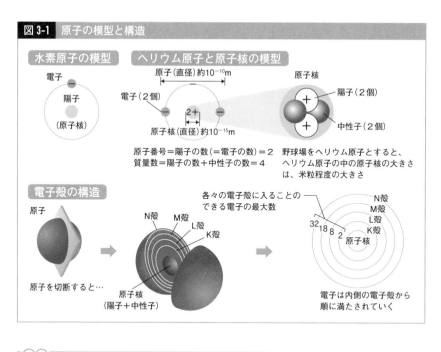

図 3-1　原子の模型と構造

水素原子の模型

電子

陽子

（原子核）

ヘリウム原子と原子核の模型

原子（直径）約10^{-10}m

電子（2個）

2+

原子核（直径）約10^{-15}m

原子核

陽子（2個）

中性子（2個）

原子番号＝陽子の数（＝電子の数）＝2
質量数＝陽子の数＋中性子の数＝4

野球場をヘリウム原子とすると、ヘリウム原子の中の原子核の大きさは、米粒程度の大きさ

電子殻の構造

原子

原子を切断すると…

N殻　M殻　L殻　K殻

原子核（陽子＋中性子）

各々の電子殻に入ることのできる電子の最大数

32　18　8　2

N殻　M殻　L殻　K殻

原子核

電子は内側の電子殻から順に満たされていく

電子殻と電子配置

　原子の中の電子は、原子核のまわりでいくつかの層に分かれて運動しています。この層を電子殻といい、原子核に近い内側から順に、K殻、L殻、M殻、N殻……、と並んでいます。

　それぞれの電子殻に入ることができる最大の電子の数は決まっていて、K、L、M、N殻の順に2、8、18、32です。

　原子は原子番号と同じ数の電子をもち、内側の電子殻から順に電子が入ります。

　電子の電子殻への配置を電子配置、電子の入っている最も外側の電子殻を最外殻といいます。最外殻の電子は、原子と原子が結合するときに重要なはたらきをすることから価電子といいます。最外殻の電子（価電子）は、他の原子とその電子をやりとりしたり共有したりして、くっつき合うというとても重要なはたらきがあります。

原子は、貴ガスの原子と同じ電子配置になりたがる

 貴ガス元素の原子の電子配置

　周期表において、18族の貴ガスは、化学的に非常に安定しているため化合物をつくりにくい物質です（18族のヘリウムからクリプトンまでは、「ヘ（He）んな姉（Ne）ちゃん、歩（Ar）いてくる（Kr）」という覚え方があります）。

　貴ガス元素の原子の電子配置は、最外殻の電子がHeで2個、Ne、Ar、Krなどは8個になっています。Arは電子がK殻（2個定員）、L殻（8個定員）で埋まった後、M殻（18個定員）に入りますが、電子殻がいくつかに分かれており、それぞれ安定性が違います。M殻はまず8個で非常に安定になります。KrはK殻、L殻、M殻の次にN殻（32個定員）に入りますが、N殻はまず8個で非常に安定になります。貴ガス以外の原子は電子配置がHeやNeのように最外殻が電子で埋まっているか、ArやKrのように最外殻の電子が8個になると非常に安定となり、他の原子と結合しにくくなります。**最外殻の電子が8個の状態は非常に安定なので、他の原子は貴ガスと同じ電子配置をとろうとする傾向にあります。**

第三周期までの原子の電子配置

　周期表の横の列を周期、縦の列を族といいます。1族と2族、13〜18族を典型元素といいます。それ以外を遷移元素といいます。

　典型元素のうち、1族と2族の最外殻電子の数はそれぞれの族番号と同じです。13〜18族の元素の最外殻電子の数はそれぞれの族番号の1の位と同じです（14族なら4）。

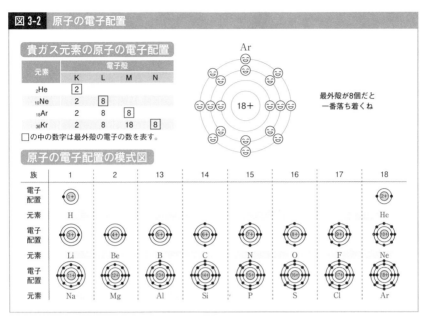

図 3-2 原子の電子配置

貴ガス元素の原子の電子配置

元素	電子殻			
	K	L	M	N
$_2$He	2			
$_{10}$Ne	2	8		
$_{18}$Ar	2	8	8	
$_{36}$Kr	2	8	18	8

□の中の数字は最外殻の電子の数を表す。

Ar

18+

最外殻が8個だと
一番落ち着くね

原子の電子配置の模式図

族	1	2	13	14	15	16	17	18
電子配置	1+							2+
元素	H							He
電子配置	3+	4+	5+	6+	7+	8+	9+	10+
元素	Li	Be	B	C	N	O	F	Ne
電子配置	11+	12+	13+	14+	15+	16+	17+	18+
元素	Na	Mg	Al	Si	P	S	Cl	Ar

　典型元素では、縦の同じ族の原子の最外殻電子の数は同じです。このこ
とが、**縦の同じ族の元素がよく似た化学的性質を示す理由**です。

　また、**1族、2族では周期表の下にある原子ほど、原子核が電子に影響を
与える範囲から電子が遠くなっていくので、最外殻の電子が原子から離れ
やすくなります。**そのため、**下にある原子ほど電子を失う反応が激しくな
ります。**

　16族、17族では、周期表の上にある原子ほど、原子核が電子に影響を与
える範囲に電子が近くなっていくので、最外殻に他の原子から電子を受け
入れやすくなります。

1族のアルカリ金属は1価の陽イオンに

　第三周期までの原子の電子配置を頭にイメージしながら、まずは原子が
イオンになるときのことを理解しましょう。1族（水素Hを除く）は**アル
カリ金属**といわれます。第三周期までには**リチウム**と**ナトリウム**がありま

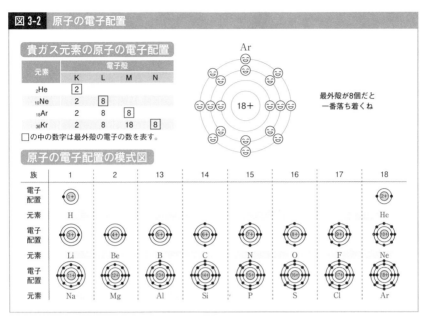

序章
原子とは何か？

第1章
原子の組み替え

第2章
周期表ができるまでの化学の歴史

第3章
化学の"道案内"の地図 周期表

第4章
無機物質の世界

第5章
密度やモルなどの量と計算

第6章
酸・塩基と酸化還元

第7章
有機物の世界

す。共に銀色のやわらかい金属です。空気中に置くと酸素や水と反応してしまいます。そこで空気と出会わないように灯油に入れて保存します。

リチウムとナトリウムも最外殻電子は1個です。この1個を放出すれば、それぞれ貴ガスのヘリウムやネオンと同じ電子配置になり、非常に安定になります。そのため、最外殻の電子を受けとってくれる相手さえいれば、最外殻の1個を放出します。

電子1個を放出すると、原子核の陽子数は3個、11個のままなのに電子は2個、10個になります。陽子1個の正（＋）の電荷、電子1個の負（−）の電荷は合わさるとちょうどプラスマイナス0になるので、電子1個を放出すると、陽子1個の正（＋）の電荷分をもつようになります。これが**イオン**です。

電荷とは、物質が帯びている静電気の量です。イオンは正または負の電荷をもった原子や原子の集まり（原子団）のことです。負電荷をもった電子を失えば、正電荷数が負電荷数より大きくなるので陽イオンに、逆に電子を得れば正電荷数が負電荷数より小さくなるので陰イオンになります。

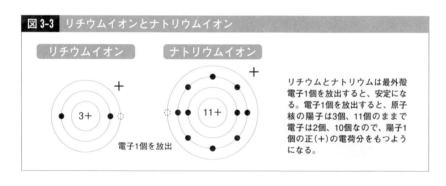

図 3-3 リチウムイオンとナトリウムイオン

リチウムイオン　　ナトリウムイオン

3+　　　　11+

電子1個を放出

リチウムとナトリウムは最外殻電子1個を放出すると、安定になる。電子1個を放出すると、原子核の陽子は3個、11個のままで電子は2個、10個なので、陽子1個の正（＋）の電荷分をもつようになる。

アルカリ金属は反応性に富む軽い金属で、1価の陽イオンになります。縦の族の下のほうの元素ほど、最外殻の電子が原子核から離れるので、電子を放出しやすく、反応性が高くなります。水に入れると、リチウムは穏やかに水素を発生しながら反応して、水酸化リチウム LiOH になります。ナトリウムは、米粒大では水素を発生しながら水面を走りまわって、水酸化

序章 原子とは何か？

第1章 原子の組み替え

第2章 周期表ができるまでの化学の歴史

第3章 化学の"道案内の地図"周期表

第4章 無機物質の世界

第5章 密度やモルなどの量と計算

第6章 酸・塩基と酸化還元

第7章 有機物の世界

ナトリウム NaOH になります。濡れたろ紙の上に置くと水素に火がついて、黄色の炎をあげて燃えます。大きなかたまりを水に入れると爆発して水柱をあげます。ナトリウムの下のカリウムは、米粒大を水に入れると、紫色の炎をあげながら水面を走りまわって水酸化カリウム KOH になります。

17族のハロゲンは1価の陰イオンに

第三周期までの17族のハロゲンは、フッ素と塩素です。

塩素原子は最外殻が7個で、もう1つ電子を受けとればアルゴンと同じ電子配置になり、安定になります。このとき、原子核の陽子数が17個のままですが、電子は18個になり、電子1個分の負電荷をもった1価の陰イオンになります。名前は塩化物イオン Cl^- です。108ページにあるように、元素名に「イオン」をつけたものは陽イオンの場合です。「塩素イオン」では陽イオンになってしまうのです。

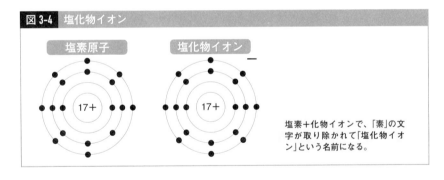

図 3-4 塩化物イオン

塩素原子　塩化物イオン

17＋　　17＋

塩素＋化物イオンで、「素」の文字が取り除かれて「塩化物イオン」という名前になる。

塩素ガスでは、**塩素原子2個が結びついた塩素分子 Cl_2 がばらばらびゅんびゅんしています。** 塩素系漂白剤のにおいは塩素ガスのにおいです。塩素ガスは戦争で毒ガス兵器として最初に使われました。

単体のフッ素は研究した化学者を何人も殺している化学者キラーとして有名です。フッ素ガスも、原子2個が結びついたフッ素分子がばらばらびゅんびゅんしています。**最外殻が原子核に近いほど、電子を受けとりやすくなります。** フッ素ガス F_2 は非常に陰イオンになりやすく、イオンになる

とフッ化物イオンF⁻になります。

　ハロゲンのフッ素、塩素、臭素、ヨウ素は、単体は原子2個が結びついた分子です。陰イオンへのなりやすさは、フッ素＞塩素＞臭素＞ヨウ素の順です。原子・分子の大きさは、フッ素＜塩素＜臭素＜ヨウ素で、**分子が大きいほど（重いほど）分子同士が引き合う力も大きくなる**ので、ふつうの温度ではフッ素や塩素は気体ですが、臭素は液体、ヨウ素は固体です。

⬡ 2族のマグネシウムと16族の酸素

　2族はアルカリ土類金属（ベリリウムとマグネシウムを除く考えもある）です。みな銀色の金属です。マグネシウムの原子は、最外殻の電子2個を放出して2価の陽イオンのマグネシウムイオンMg^{2+}になります。

　16族の酸素は原子2個で酸素分子になります。**酸素分子は反応性が高く酸化物をつくります**。酸素の原子の電子配置は、最外殻が6個で、あと2個を受け入れれば2価の陰イオンの酸化物イオンO^{2-}になります。

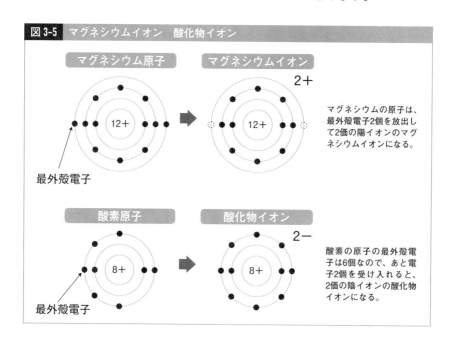

図 3-5　マグネシウムイオン　酸化物イオン

マグネシウム原子　→　マグネシウムイオン　2+

最外殻電子

マグネシウムの原子は、最外殻電子2個を放出して2価の陽イオンのマグネシウムイオンになる。

酸素原子　→　酸化物イオン　2−

最外殻電子

酸素の原子の最外殻電子は6個なので、あと電子2個を受け入れると、2価の陰イオンの酸化物イオンになる。

　周期表の位置より、原子から電子の放出のしやすさ、原子への電子の受け入れやすさの傾向がわかります。原子核と最外殻が遠いか近いかが関係しています。**原子核から最外殻が遠いほど最外殻の電子を放出しやすく、原子核から最外殻が近いほど最外殻へ電子を受け入れやすくなります。**

図 3-6 元素の一般的な傾向

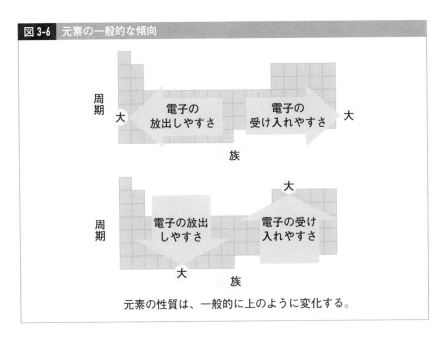

元素の性質は、一般的に上のように変化する。

　周期表の中央にある第3周期ではアルミニウムから、大きく金属元素と非金属元素の2つに分けられます。**金属元素と非金属元素が反応すると、ほとんどの場合、イオン性物質（イオン結晶）ができます。**陽イオンと陰イオンが電気的に引き合ってできる結晶がイオン結晶です。＋電気と－電気がクーロン力（静電気的な力）で引き合ってできる結合はイオン結合です。

　塩化ナトリウムは、ナトリウムイオンと塩化物イオンがイオン結合でできたイオン性物質（イオン結晶）です。

序章
原子とは何か？

第1章
原子の組み替え

第2章
周期表ができるまでの化学の歴史

第3章
化学の“道案内の
地図”周期表

第4章
無機物質の世界

第5章
密度やモルなどの
量と計算

第6章
酸・塩基と
酸化還元

第7章
有機物の世界

陽イオンと陰イオンが「電気的に」つり合うイオン性物質

 イオンの名称

　陽イオンは、H^+を水素イオン、Na^+をナトリウムイオンなどのように、元素名にイオンをつけて呼びます。

　陰イオンは、Cl^-を塩化物イオン、O^{2-}を酸化物イオンなどのように、元素名の語尾を「〜化物イオン」に変えて呼びます。

　原子団のイオンは、それぞれのイオンに固有の名前をもっています。

　酸に由来する多原子の陰イオンは、硝酸イオン、硫酸イオンのように、その酸の名称に「イオン」をつけて呼びます。

図 3-7　イオンの例

陽イオン	陰イオン
水素イオン・H^+	塩化物イオン・Cl^-
ナトリウムイオン・Na^+	水酸化物イオン・OH^-
カリウムイオン・K^+	硝酸イオン・NO_3^-
マグネシウムイオン・Mg^{2+}	硫酸イオン・SO_4^{2-}
カルシウムイオン・Ca^{2+}	炭酸イオン・CO_3^{2-}
アルミニウムイオン・Al^{3+}	
アンモニウムイオン・NH_4^+	

イオン性物質の化学式（組成式）

　塩化ナトリウム（食塩の主成分）の結晶は、Na^+とCl^-が規則的に配列して結びついており、結晶全体の電荷は0です。

　イオン性物質は、陽イオンと陰イオンが電気的につり合うように一定の割合で結びついた物質です。

これらの物質を記号で表すには、成分イオンの数を最も簡単な整数比で表した組成式を用います。たとえば、塩化ナトリウムではNa^+とCl^-の数の比が1:1なので、組成式は$NaCl$になります。塩化マグネシウムではMg^{2+}とCl^-の数の比が1:2であるから、組成式は$MgCl_2$となります。

（陽イオンの価数）×（陽イオンの数）

= （陰イオンの価数）×（陰イオンの数）

イオン性物質は、種々の金属の陽イオンに、陰イオンの酸化物イオンO^{2-}、硫化物イオンS^{2-}、塩化物イオンCl^-、硝酸イオンNO_3^-、硫酸イオンSO_4^{2-}、炭酸イオンCO_3^{2-}、炭酸水素イオンHCO_3^-、水酸化物イオンOH^-が結びついてできています。物質名は、陰イオンの「〜化物イオン」、あるいは「〜酸イオン」、陽イオンの「……イオン」から、「〜化……」あるいは「〜酸……」と呼びます。

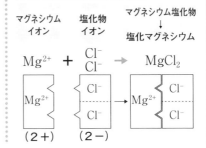

図 3-8　イオン性物質の化学式

塩化ナトリウムの場合

ナトリウムイオン　塩化物イオン　ナトリウム塩化物 → 塩化ナトリウム

$$Na^+ + Cl^- \rightarrow NaCl$$

（+）　（−）

塩化マグネシウムの場合

マグネシウムイオン　塩化物イオン　マグネシウム塩化物 → 塩化マグネシウム

$$Mg^{2+} + \begin{matrix}Cl^- \\ Cl^-\end{matrix} \rightarrow MgCl_2$$

（2+）　（2−）

ナトリウムイオンと陰イオンからできるイオン性物質の例

Na^+ + 硫化物イオンS^{2-} ⇒ 硫化ナトリウムNa_2S
Na^+ + 硝酸イオンNO_3^- ⇒ 硝酸ナトリウム$NaNO_3$
Na^+ + 硫酸イオンSO_4^{2-} ⇒ 硫酸ナトリウムNa_2SO_4
Na^+ + 炭酸イオンCO_3^{2-} ⇒ 炭酸ナトリウムNa_2CO_3
Na^+ + 水酸化物イオンOH^- ⇒ 水酸化ナトリウム$NaOH$

序章 原子とは何か？

第1章 原子の組み替え

第2章 周期表ができるまでの化学の歴史

第3章 化学の"道案内"の地図"周期表"

第4章 無機物質の世界

第5章 密度やモルなどの量と計算

第6章 酸・塩基と酸化還元

第7章 有機物の世界

イオン性物質は「塩」とも呼ばれます。塩化ナトリウム NaCl も「塩」の1つですが、別名「塩」と呼ばれます。金属イオンに、硝酸イオン NO_3^-、硫酸イオン SO_4^{2-}、炭酸イオン CO_3^{2-}、水酸化物イオン OH^-、酸化物イオン O^{2-}、硫化物イオン S^{2-}、塩化物イオン Cl^- が結びついてできた化合物を硝酸塩、硫酸塩、炭酸塩、水酸化物、酸化物、硫化物、塩化物と呼びます。

塩化ナトリウムやショ糖は水に溶けて、透明な液体になります。これは、塩化ナトリウムやショ糖がイオンや分子に分かれて、水の中に均一に分散したためです。この現象を溶解といい、生じた混合物を溶液といいます。また、溶かすほうの液体を溶媒、溶けるほうの物質を溶質といいます。水は種々の物質を溶解する能力がきわめて高い液体です。たとえば海水には60種以上の元素が溶けています。特に水は、イオン性物質に対する最良の溶媒です。しかし、石油ベンジン、四塩化炭素、ベンゼンなどの油性物質は水にほとんど溶けません。

塩化ナトリウムのようなイオン性物質は、陰陽両イオンがその電荷で引き合っています。水は、そのイオンの引き合う力を水の中では結晶中の約80分の1にするはたらきがあります。それだけ**水中では陰陽両イオンがばらばらになりやすいのです。基本的にイオン性物質は水に溶けて、水中に陽イオンと陰イオンがばらばらに散らばります。**

アルカリ金属の化合物はみな水に溶けます。硝酸塩は、みな水に溶けます。

硫酸塩は硫酸バリウム、硫酸カルシウム、硫酸鉛以外は水に溶けます。炭酸塩は炭酸バリウム、炭酸カルシウム以外は水に溶けます。塩化物は塩化銀以外は水に溶けます。

序章 原子とは何か？

第1章 原子の組み替え

第2章 周期表ができるまでの化学の歴史

第3章 化学の"道案内"の地図"周期表"

第4章 無機物質の世界

第5章 密度やモルなどの量と計算

第6章 酸・塩基と酸化還元

第7章 有機物の世界

陽イオンと陰イオンが出合って沈澱ができる場合

私が中学3年のとき、理科の授業で無色透明な液体が入った2つの試験管の液体を混ぜたら、ぱっと白く濁る実験をしたことがあります。きっと、炭酸カルシウムの沈澱ができる実験だったのでしょう。

たとえば、炭酸ナトリウムも硝酸カルシウムも水に溶けて無色透明な水溶液になります。それぞれナトリウムイオンと炭酸イオン、カルシウムイオンと硝酸イオンが含まれています。混ぜると、新しい組み合わせ、ナトリウムイオンと硝酸イオン、炭酸イオンとカルシウムイオンができます。硝酸ナトリウムは水に溶ける物質なので、ナトリウムイオンと硝酸イオンが出合っても、イオンはばらばらのままです。

炭酸イオンとカルシウムイオンからは、水に溶けない炭酸カルシウムができて白色沈澱になります。

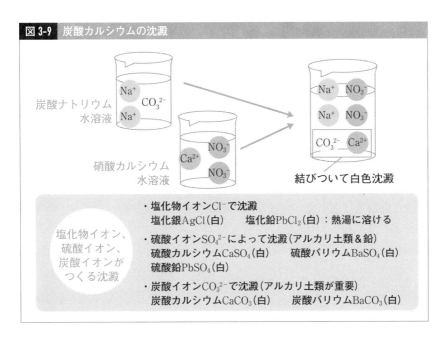

図 3-9 炭酸カルシウムの沈澱

炭酸ナトリウム水溶液 Na⁺ CO₃²⁻ Na⁺

硝酸カルシウム水溶液 Ca²⁺ NO₃⁻ NO₃⁻

Na⁺ NO₃⁻ Na⁺ NO₃⁻ CO₃²⁻ Ca²⁺

結びついて白色沈澱

塩化物イオン、硫酸イオン、炭酸イオンがつくる沈澱

・塩化物イオンCl⁻で沈澱
塩化銀AgCl（白）　　塩化鉛PbCl₂（白）：熱湯に溶ける

・硫酸イオンSO₄²⁻によって沈澱（アルカリ土類＆鉛）
硫酸カルシウムCaSO₄（白）　　硫酸バリウムBaSO₄（白）
硫酸鉛PbSO₄（白）

・炭酸イオンCO₃²⁻で沈澱（アルカリ土類が重要）
炭酸カルシウムCaCO₃（白）　　炭酸バリウムBaCO₃（白）

水溶液は、リトマス試験紙を使って酸性、アルカリ性と分けることを小学校理科や中学校理科で学びます。高校からは塩基という言葉を使うのが一般的です。

　塩基は化学的には酸の反対物質で、酸と中和して、塩と水を生じます（水を生じない場合もある）。塩基 base は、塩の基 base of salt の意味で、酸と中和して塩をつくる物質という意味です。

　アルカリとは、もともと陸の植物の灰（主成分 K_2CO_3）および海の植物の灰（主成分 Na_2CO_3）をまとめて、アラビア人が名づけたものです。ここでいうカリ（kali）は、灰という意味です。一般的に、「塩基のうち水によく溶けるもの（NaOH、KOH、$Ca(OH)_2$ など）」をアルカリと呼びます。アルカリ金属の炭酸塩とアンモニアもアルカリと呼ばれています。

　「水によく溶ける塩基がアルカリ」ですが、特にアルカリ金属とアルカリ土類金属の水酸化物は強塩基（強アルカリ）になります。

　化学を学ぶうえでは、強塩基として、水酸化ナトリウム、水酸化カリウム、水酸化カルシウムを覚えておきましょう。

　また、強酸としては、塩酸 HCl、硫酸 H_2SO_4、硝酸 HNO_3 を覚えておきましょう。

　酸と塩基を反応させると、お互いの性質を打ち消し合います。この現象を中和といいます。

　酸性の原因の水素イオン H^+ も、塩基性の原因の水酸化物イオン OH^- もなくなるように反応するので、どちらの性質もなくなってしまうのです。塩酸と水酸化ナトリウムの中和では、水と塩化ナトリウム NaCl という塩ができます。

　$HCl + NaOH \rightarrow H_2O + NaCl$

酸の種類とアルカリの種類が違うと塩も異なります。

たとえば、塩酸 HCl と水酸化カルシウム Ca(OH)₂ では塩化カルシウム CaCl₂、硫酸 H₂SO₄ と水酸化ナトリウム NaOH では硫酸ナトリウム Na₂SO₄ という塩ができます。

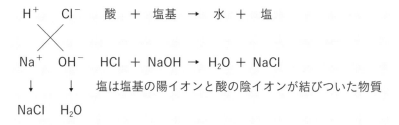

$$H^+ \quad Cl^-$$
$$Na^+ \quad OH^-$$
$$\downarrow \qquad \downarrow$$
$$NaCl \quad H_2O$$

酸 ＋ 塩基 → 水 ＋ 塩

HCl ＋ NaOH → H₂O ＋ NaCl

塩は塩基の陽イオンと酸の陰イオンが結びついた物質

遷移元素のイオン

1族、2族と、13～18族の典型元素について、縦の同族元素は最外殻電子の数が同じで、化学的性質がよく似ていました。対して、**遷移元素は同族元素でも最外殻の電子の数に規則性がなく、族よりも周期が同じ元素同士で化学的性質が似通っているという特徴**があります。**遷移元素はすべて金属元素で、最外殻電子はほとんどの場合1個または2個で、その内側の電子が埋まっていないので、価数が異なるイオンが存在します。**

たとえば、鉄には2価と3価のイオン、銅には1価と2価のイオンがあります。Fe^{2+} は鉄(Ⅱ)イオン、Fe^{3+} は鉄(Ⅲ)イオン、Cu^+ は銅(Ⅰ)イオン、Cu^{2+} は銅(Ⅱ)イオンと、ローマ数字で区別します。物質名もローマ数字を入れて区別します。

FeO…酸化鉄(Ⅱ)

Fe₂O₃…酸化鉄(Ⅲ)

鉄の酸化物には四酸化三鉄 Fe₃O₄ がありますが、これは酸化鉄(Ⅱ)と酸化鉄(Ⅲ)が合体したものと考えられています。スチールウールをほぐして火をつけるとチカチカと燃えていきます。このときできるのは、おもに酸

序章 原子とは何か？

第1章 原子の組み替え

第2章 周期表ができるまでの化学の歴史

第3章 化学の"道案内" 地図"周期表

第4章 無機物質の世界

第5章 密度やモルなどの量と計算

第6章 酸・塩基と酸化還元

第7章 有機物の世界

化鉄（Ⅲ）Fe_2O_3 です。酸化鉄（Ⅱ）FeO や四酸化三鉄 Fe_3O_4 なども混合していると考えられます。

 金属の反応性（イオン化傾向）

　1族のアルカリ金属や2族のアルカリ土類金属は、最外殻の電子が放出されて、陽イオンになりやすいです。金属には反応のしやすさに差があります。

　たとえば、アルミニウムや亜鉛は希塩酸や希硫酸に入れると水素を発生しながら溶けてしまいます。一方、銅、銀や金は希塩酸や希硫酸に溶けません。

　金属の単体は水や水溶液に接すると他の原子などに電子を与え、自分自身は陽イオンになろうとする傾向（イオン化傾向）があります。この傾向は金属によって異なり、イオン化傾向の大きいほうから順に並べたものをイオン化列といいます。

　次ページの図3-10は、おもな金属のイオン化列です。

　水素は金属ではありませんが、陽イオンになるので、比較のためにイオン化列に入れてあります。

　この**イオン化列で、より左側にある原子のほうが陽イオンになりやすい、つまり電子を失いやすい（相手に電子を与えやすい）**ということになります。

　イオン化列は、金属原子の電子の失いやすさの順でもあり、金属単体の化学的な反応性の高さの順でもあります。この順番は、溶液の種類や濃度、金属表面の状態によって変わることがあります。

 金属利用の歴史

　金属の利用の歴史は、その金属を鉱石から取り出す難しさに大いに関係しています。自然金、自然銀、自然銅といったものも産出しますが、金属は多くの場合、酸化物、硫化物の形で産出しています。

序章 原子とは何か？

第1章 原子の組み替え

第2章 周期表ができるまでの化学の歴史

第3章 化学の"地図"周期表の道案内

第4章 無機物質の世界

第5章 密度やモルなどの量と計算

第6章 酸・塩基と酸化還元

第7章 有機物の世界

図 3-10 イオン化傾向と反応

金属のイオン化列

カリウムK　カルシウムCa　ナトリウムNa　マグネシウムMg　アルミニウムAl　亜鉛Zn
鉄Fe　ニッケルNi　スズSn　鉛Pb　水素(H_2)　銅Cu　水銀Hg　銀Ag　白金Pt　金Au

覚え方の例

K		Ca	Na	Mg	Al	Zn	Fe	Ni	Sn	Pb
貸(そう)		か	な、	ま	あ	あ	て	に	す(る)	な、

(H_2)	Cu	Hg	Ag	Pt	Au
ひ	ど	す	ぎ(る)	借(白)	金

イオン化列	Li	K	Ca	Na	Mg	Al	Zn	Fe	Ni	Sn	Pb	H_2	Cu	Hg	Ag	Pt	Au
空気中での反応		速やかに内部まで酸化			ふつうの温度で徐々に酸化 表面に酸化被膜を生じる								酸化されにくい				
水との反応		冷水と反応 水素を発生			熱水と反応	高温の水蒸気と反応		反応しない					反応しない				
酸との反応		希酸に溶けて水素を発生											酸化力のある酸には溶ける			王水にのみ溶解	

これらの化合物の結合が強いほど鉱物から金属を取り出すことは難しくなります。金、銀、水銀、銅、鉄が古くから知られ、続いて鉛、スズ、より下って亜鉛が取り出されるようになったのは、この結合力の強弱によっています。

つまり、**古代に知られていた金属は、イオン化傾向が小さい金属**です。イオン化傾向が小さいと単体で存在しやすいし、化合物でもイオンから原子になりやすく単体にしやすいのです。

アルミニウムはイオン化傾向が大きく、アルミニウムイオンとして存在していて、しかも酸素のイオン（酸化物イオン）と強く結合しているため取り出すのが困難でした。アルミニウムの大量生産は19世紀後半まで待たなければなりませんでした。

非金属元素は「共有結合」で分子になる

 化学結合はたった3種類

周期表で、それぞれの元素が金属元素なのか非金属元素なのかを見てみましょう。

18族の貴ガスは、自分自身とも他の原子とも結びつかないので、化学結合を考えるときはスルーしましょう。ただし、どの元素も、原子の電子配置が貴ガスと同じになろうとしていることを忘れてはいけません。すでに学んだイオン結合は、金属元素と非金属元素が結びついてできます。金属元素の原子が陽イオンになり、非金属元素の原子が陰イオンになって、お互いにクーロン力で引き合って結晶をつくります。

化学結合には、イオン結合以外に、非金属元素と非金属元素が結びつく共有結合と金属元素の原子だけが結びついた金属結合があります。**化学結合は大きくイオン結合、共有結合、金属結合の3つなのです。**

 水素分子は水素原子2個がそれぞれ電子を共有

2つの水素原子がそれぞれの1個ずつを受け入れて電子2個を共有することで2つともヘリウムと同じ電子配置にして水素分子をつくります。これが共有結合です。

 共有結合を理解するための電子対と不対電子

電子にはスピンという性質があります。この内容はとても難しいので、結論だけをイメージしておきましょう。他の電子殻の各軌道でも同じですが、ここでは化学結合に関係する最外殻の軌道を見ることにします。軌道は8

個（オクテット）で非常に安定になります。

　電子が8個まで入れる軌道は、電子対が入れる4つの小部屋からできています。電子対とは2個の電子のカップル（スピンが違う電子のカップル）です。その小部屋に1個の電子だけなら、その電子は不対電子です。4つの電子対小部屋への電子の入り方があります。イメージとしては、電子はできるだけ孤独になるように小部屋に入ります。

　ここでは非金属元素の炭素C（最外殻4個）、窒素N（最外殻5個）、酸素O（最外殻6個）、塩素Cl（最外殻7個）、ネオンNe、アルゴンAr（共に最外殻8個）を見てみましょう。

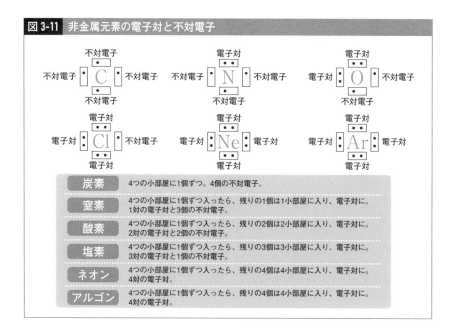

図 3-11　非金属元素の電子対と不対電子

炭素	4つの小部屋に1個ずつ。4個の不対電子。
窒素	4つの小部屋に1個ずつ入ったら、残りの1個は1小部屋に入り、電子対に。1対の電子対と3個の不対電子。
酸素	4つの小部屋に1個ずつ入ったら、残りの2個は2小部屋に入り、2対の電子対と2個の不対電子。
塩素	4つの小部屋に1個ずつ入ったら、残りの3個は3小部屋に入り、3対の電子対と1個の不対電子。
ネオン	4つの小部屋に1個ずつ入ったら、残りの4個は4小部屋に入り、4対の電子対。
アルゴン	4つの小部屋に1個ずつ入ったら、残りの4個は4小部屋に入り、4対の電子対。

塩素分子、二酸化炭素分子、窒素分子、水分子

【塩素分子】

　1個の塩素原子は不対電子を1個もっています。2個の塩素原子は、お互いに不対電子を1個ずつ出し合ってつくられた電子対（共有電子対）を共

序章　原子とは何か？

第1章　原子の組み替え

第2章　周期表ができるまでの化学の歴史

第3章　化学の"道案内"の地図"周期表

第4章　無機物質の世界

第5章　密度やモルなどの量と計算

第6章　酸・塩基と酸化還元

第7章　有機物の世界

有します。

　このとき、塩素分子内のそれぞれの塩素原子は共有電子対をそれぞれの
ものとして数えて8個になり安定になります。共有電子対を1組共有する結
合を**単結合**と呼び、**元素記号の間に線を一本引いて表します。**これを構造
式といいます。

【二酸化炭素分子】

　炭素原子の最外殻電子は4個の不対電子。酸素原子の最外殻電子は2組の
共有電子対と2個の不対電子。炭素原子‐酸素原子間の結合が2つあります
が、それぞれCとOが不対電子を2個ずつ出し合って2組の共有電子対を共
有します。

　このように、共有電子対を2組共有する結合を**二重結合**と呼び、**元素記
号の間に線を二本引いて表します。**

【窒素分子】

　1個の窒素原子は不対電子を3個もっています。2個の窒素原子は、お互
いに不対電子を3個ずつ出し合ってつくられた3組の共有電子対を共有しま
す。

　このとき、窒素分子内のそれぞれの窒素原子は共有電子対を含めて数え
て8個になり安定になります。共有電子対を3組共有する結合を**三重結合**と
呼び、**元素記号の間に線を三本引いて表します。**

【水分子】

　酸素原子の最外殻電子は2組の共有電子対と2個の不対電子。水素原子の
最外殻電子は1個の不対電子。酸素原子‐水素原子間の結合が2つあります
が、それぞれOとHが不対電子を1個ずつ出し合って1組の共有電子対を共
有します。

序章　原子とは何か？

第1章　原子の組み替え

第2章　周期表ができるまでの化学の歴史

第3章　化学の"道案内"の地図"周期表"

第4章　無機物質の世界

第5章　密度やモルなどの量と計算

第6章　酸・塩基と酸化還元

第7章　有機物の世界

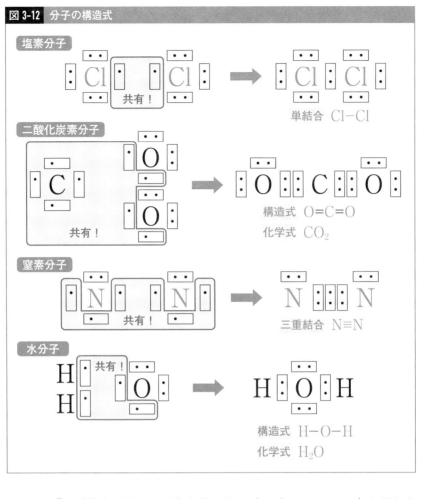

図 3-12 分子の構造式

塩素分子

単結合 Cl-Cl

二酸化炭素分子

構造式 O=C=O
化学式 CO_2

窒素分子

三重結合 N≡N

水分子

構造式 H-O-H
化学式 H_2O

　なお、「二重結合の例として酸素分子をあげればいいのに……」と思う人もいることでしょう。高校化学の教科書では、二重結合の例に、この酸素分子を出さずに二酸化炭素分子をあげています。これは、酸素分子が常磁性という磁石に引かれる性質を持っているので、どうしても最外殻の電子に不対電子がなければならないからです。O＝Oの電子式には不対電子が存在しません。

この項目は高度なので、読み飛ばしてもかまいません。

ここで水分子の形を考えてみます。水分子は酸素原子が中心です。中心の原子のまわりに共有電子対と非共有電子対（孤立した電子対）があります。その場所は電子密度が高いです。電子密度が高い場所同士は負（−）電気同士なので、お互いに反発します。お互いの反発を避けるため、原子はお互い遠くなるように配置します。

電子対の反発力の強さは、次のようになります。

非共有電子対同士の反発力＞非共有電子対と共有電子対の反発力＞共有電子対同士の反発力

ここで、二酸化炭素分子が直線形であるわけを考えてみましょう。

水分子中の酸素原子には、非共有電子対が2つ、共有電子対が2つあります。

もっとわかりやすいメタン分子CH_4では、中心の炭素原子に4つの共有電子対があります。お互いの反発力は同じなので、メタンは正四面体の中心に炭素原子が配置され、H-C-Hの結びつく角度は109.5度です。

ところが、水分子では非共有電子対と共有電子対が両方あります。酸素原子のまわりにこの4つを配置してみます。立体的には、メタン分子のように酸素原子を中心にした四面体を考えます。4つの電子高密度領域があるので四面体になるのです。酸素原子から頂点方向に水素原子との共有電子対2つと非共有電子対2つがあります。それら4つの間の反発力が同じなら角度は109.5度になるはずですが、非共有電子対2つの間の反発力が強いので共有電子対側の結びつく角度が狭くなります。実際、H-O-Hの結びつく角度は104.5度です。

序章
原子とは何か？

第1章
原子の組み替え

第2章
周期表ができる
までの化学の歴史

第3章
化学の〝道案内〟の
地図〝周期表〟

第4章
無機物質の世界

第5章
密度やモルなどの
量と計算

第6章
酸・塩基と
酸化還元

第7章
有機物の世界

図 3-13 水分子の形

非共有電子対

反発力

反発力

O

H

反発力

H

109.5°になるところ、
非共有電子対の反発力が強いので、
104.5°と小さくなる

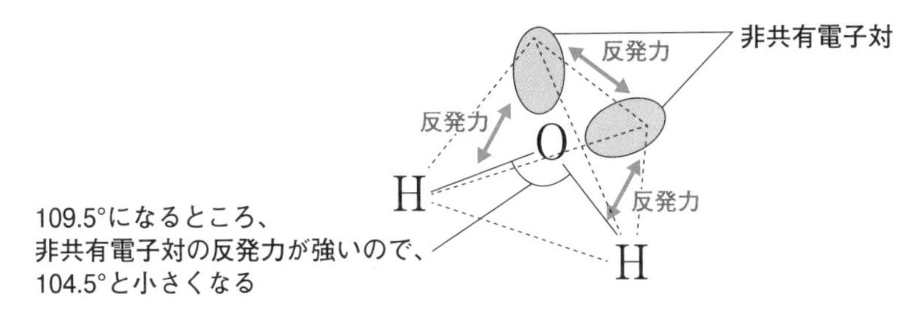

　二酸化炭素分子中の炭素原子は、酸素原子2個それぞれの間に共有電子対2組だけがあるので、それぞれの共有電子対2組ができるだけ遠くなるように配置します。とすると、炭素原子の左側に共有電子対2組があれば、もう1つの共有電子対2組の配置で最も遠いのは反対側の右側になります。だから**二酸化炭素分子は直線形**なのです。

⬡⬡
⬡⬡ **分子からできている物質は分子性物質、固体は分子結晶**

　分子性物質は、20℃で気体、液体、固体の物質があります。気体では、**空気中に窒素分子、酸素分子、アルゴン分子（1個の原子で分子）、二酸化炭素分子、乾燥空気でなければ水分子（水蒸気）がばらばらびゅんびゅんしています。**

　台所では都市ガスがおもにメタン分子、プロパンガスがプロパン分子からできています。液体では、水分子、エタノール、各種食用油。固体では、バターやマーガリンに含まれる脂肪、うま味調味料（アミノ酸）、砂糖（ショ糖）など。ドライアイスは二酸化炭素の固体です。

　分子性物質の液体や固体は分子同士が分子間力という力で結びついています。分子間力はクーロン力より弱いので液体は簡単に気体になる場合が多いです。固体は簡単に液体になったり、液体を経ないで気体になったりもします。

121

金属元素どうしが 結びつく金属結合

 金属の特徴は自由電子のはたらき

　金属は、金属光沢をもち、熱・電気をよく伝え、延性・展性をもつという特徴があります。これらの特徴は、**金属原子の原子核のまわりにある電子のうち、特定の原子に属さず自由に振る舞う自由電子のはたらきによるもの**です。金属原子が集まると、軌道が重なり合って電子が共有されます。しかし原子核が電子を引きつける力が弱いため、電子の中には多くの原子の間を自由に動きまわる自由電子が存在します。このような金属元素の原子間の化学結合を金属結合といいます。

　金属表面にやってきた光を自由電子が一度吸収してからほぼ全部放出する、つまり光をほぼ反射するので金属光沢が見られます。金属は電気をよく通しますが、これは電圧をかけると自由電子が－極から＋極に動くからです。金属が延性・展性をもつのは、金属原子が自由電子という"糊"でくっついて並んでいるため、場所が変わっても結合自体が変わらず、変形が可能だからです。25℃で液体状態の金属は水銀だけで、他は固体です。

図 3-14 金属結合

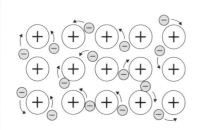

自由電子になった電子が抜けた金属の原子は、陽イオンになっている。その陽イオンを自由電子が「糊」のようになって結びつけている。力をかけるとおにぎりの米粒のようにくっついたまま移動するので延性、展性がある。電圧をかけると自由電子が動いて電流が流れる。

世の中の物質は
大きく3つに分けられる

序章
原子とは何か？

第1章
原子の組み替え

第2章
周期表ができるまでの化学の歴史

第3章
化学の"道案内の地図"周期表

第4章
無機物質の世界

第5章
密度やモルなどの量と計算

第6章
酸・塩基と酸化還元

第7章
有機物の世界

⌬ イオン性物質、分子性物質、金属の三大物質

　世の中の物質は、非常に大ざっぱにですが**イオン性物質、分子性物質、金属の「三大物質」**に分けられます。

　イオン性物質は、金属元素と非金属元素が結びついてできています。**金属原子が陽イオンになり、非金属原子は陰イオンになって結びつきます。**

　分子性物質は非金属元素同士が結びついています。金属は、金属元素（1種類の場合も2種類以上の場合も）の原子が金属結合で結びついてできています。固体は金属結晶です。台所にある物質では、イオン性物質では塩（しお）、分子性物質では砂糖が、それぞれ代表的な物質です。

　　塩の仲間…強熱してもなかなか融解しないが水には簡単に溶ける。水
　　　　　　　溶液を熱して水を蒸発させると出てくる。

　　砂糖の仲間…300℃以下でだいたい分解（炭化）し、その後は燃え出
　　　　　　　　す。砂糖は水によく溶けるが、油の仲間のように水に溶
　　　　　　　　けないものも多い。

【イオン性物質】

　イオン性物質は、陽イオンと陰イオンがイオン結合することでできる物質です。融点が高く通常の温度では固体（結晶）なので、イオン結晶ともいいます。イオンは、プラス（＋）あるいはマイナス（－）の電荷（電気の量）を持った原子や原子集団です。たとえば塩化ナトリウムは、ナトリウムイオンという陽イオンと塩化物イオンという陰イオンがイオン結合し

123

てできています。**塩化ナトリウム、水酸化ナトリウム、硫酸ナトリウム、炭酸カルシウムなどがあります。**

【分子性物質】

　分子性物質は分子からできている物質です。**分子は、原子が共有結合することでつくられます。**通常の温度で気体のものも液体のものも固体のものもあります。液体や固体は分子が分子間力によって集合してできています。固体の場合は分子結晶ともいいます。分子間力は弱い力なので、固体の融点は高くない場合が多く、固体を加熱すると融解しやすいです。**水素、酸素、窒素、塩素、二酸化炭素などの気体、水、エタノールなどの液体、ショ糖（砂糖の主成分）などの固体があります。**

【金属】

　金属原子が多数、金属結合してできています。金属結合は、強いものか

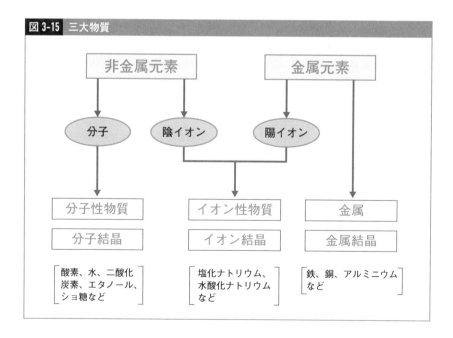

図 3-15　三大物質

ら弱いものまで幅が広いので融点の幅も広いです。最も融点が低い金属は水銀の−39℃、最も融点が高い金属はタングステンの3422℃です。

三大物質を広げて五大物質へ

三大物質に、無機高分子と有機高分子を加えて5つに分ける場合もあります。有機高分子は第7章で改めて詳しく解説します。

無機高分子には、黒鉛、ダイヤモンド（融点3550℃）、二酸化ケイ素など少数の例しかありません。 そのかたまりは、**原子同士が共有結合で結びついて1つの巨大な分子になっているともいえます。**

たとえば、黒鉛とダイヤモンドは炭素原子だけでできていますが、ダイヤモンドは、1つの原子が必ずまわりの4つの原子と共有結合で強く結びついています。

一方の黒鉛は、横の結びつきはダイヤモンドより強い共有結合ですが、縦の結びつきは分子間力という弱い結びつきなので、力を加えるとシート状に離れてしまうのです。黒鉛を含んだ鉛筆の芯を紙に押しつけると文字が書けるのはこの性質のためです。

ダイヤモンドは、天然のもので最も硬いがもろいです。向きによって割れやすかったり、すり減りやすかったりするので、ダイヤモンドは削ったり、磨いたりして使います。固定して叩くと、細かく砕けてしまいます。

岩石、砂は二酸化ケイ素SiO_2からできています。地球の地殻をつくる岩石の主成分こそがケイ素と酸素です。

二酸化ケイ素からできた代表的な鉱物は石英です。石英の中でもきれいな結晶形を示すものは水晶とも呼ばれます。

ダイヤモンドや二酸化ケイ素などの固体は共有結合の結晶といいます。**共有結合は大変強い結合なので、共有結合の結晶の融点はきわめて高いです。**

序章 原子とは何か？

第1章 原子の組み替え

第2章 周期表ができるまでの化学の歴史

第3章 化学の"道案内"の地図"周期表

第4章 無機物質の世界

第5章 密度やモルなどの量と計算

第6章 酸・塩基と酸化還元

第7章 有機物の世界

身近だがとても例外的な 性質がある水

 水は極性分子

　原子が共有電子対を引き寄せる度合いを電気陰性度といいます。

　中でも電気陰性度が大きい原子が、フッ素原子F、酸素原子O、窒素原子Nです。これらの原子は水素原子など電気陰性度の小さい原子と結合すると、電子が大きいほうに引き寄せられて電気的なかたよりが生じます。

　水分子のH-O-H間の結合には104.5度という角度があるので、分子全体として電気的なかたよりをもちます。このような分子を極性分子といいます。

 水素結合ってどんな結合？

　普通、分子同士が引き合う分子間力は、**ファン・デル・ワールス力**と呼ばれます。水分子同士にはそれより強い力がはたらいています。その力が水素結合です。

　水素結合は、水素原子より電気的に陰性な原子XとY（窒素、酸素、フッ素など）が水素原子を介して弱く結びつく結合X-H-Yをいいます。水素結合は共有結合に比べて強さは1/10程度です。

 氷の構造

　氷の結晶構造の図で、各水分子は四面体の頂点に位置している4個の水分子に囲まれています。お互いの水分子は水素結合で結ばれています。この結晶を上から見ると、水分子は六角形の形に並んでいます。雪の結晶もこの構造の集まりなので、六角形になります。次ページの図3-16からもわかる通り、**氷はすき間の多い構造をしています。**

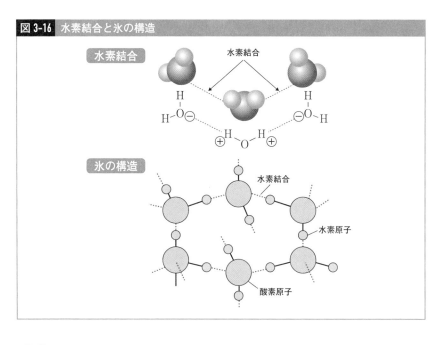

図 3-16 水素結合と氷の構造

水素結合

氷の構造

水素結合

水素原子

酸素原子

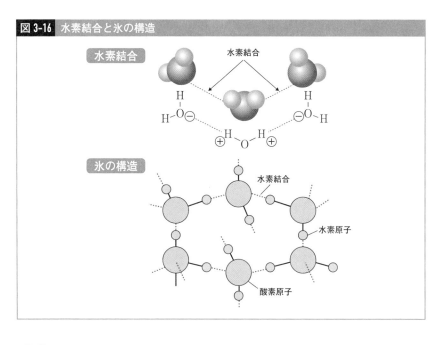

液体の水

　液体の水については、次のようなモデルが考えられています。

　液体の水は、部分的に氷のような水分子同士が水素結合でつながった集まりがいくつもあって、その集まりが10^{-12}秒程度で壊れて1個の水分子になり、次のその時間程度でまた新しい水分子の集まりができるというダイナミックな動きをしています。つまり、**水の中に氷の構造が大きく残っているのです。**0℃の水の密度は0.9998g/cm³です。温度が上がるに連れて水の密度は大きくなり、4℃でほぼ1g/cm³になります。さらに温度が上がると、今度は水の密度が小さくなります。

　温度上昇と水の密度の関係は、部分的に氷の構造をもった水分子同士のすき間を、その集まりからはずれた水分子が埋めることで密度が大きくなること、また、水温が上がって水分子の熱運動が激しくなって膨張することで密度が小さくなること、という2つのバランスで決まります。

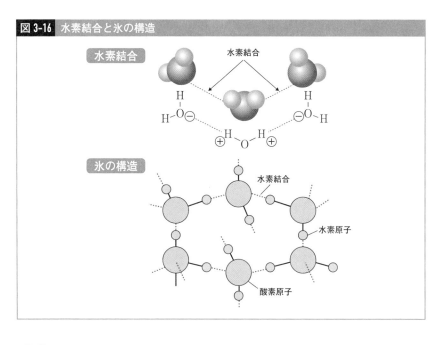

序章
原子とは何か？

第1章
原子の組み替え

第2章
周期表ができるまでの化学の歴史

第3章
化学の"道案内の地図"周期表

第4章
無機物質の世界

第5章
密度やモルなどの量と計算

第6章
酸・塩基と酸化還元

第7章
有機物の世界

　ほとんどの物質は固体のほうが密度が高く、同じ体積なら固体のほうが重くなります。水は、すき間が多い構造をもった氷が融けて水になると部分的に氷の構造が残りますが、水分子がすき間を埋めて液体のほうが密度が高くなります。**水のように密度が固体＜液体という物質は、ケイ素、ガリウム、ゲルマニウム、ビスマスなど限られています**（これらを異常液体という）。

　また、**水は4℃で密度が最大になります**。これは温度が上昇すると、水素結合が部分的に切れて四面体のすき間の多い構造が壊れるため密度が大きくなる傾向と、分子の熱運動が盛んになり密度が減少する傾向が重なり合った結果です。氷は湖などの表面にでき、内部を保護します。そのため、水の中の生物は外気温が低くても生きていけます。もし、氷の密度が水より大きかったら湖水や川や海の底に氷がたまり、北国の湖や北極海はほとんど氷で埋めつくされることになります。

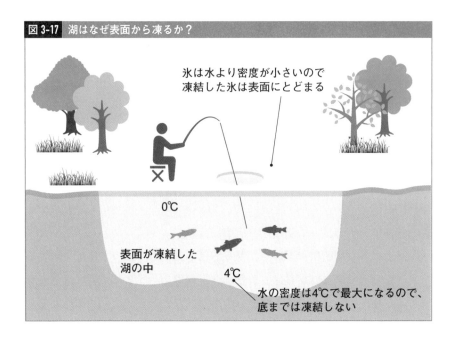

図 3-17　湖はなぜ表面から凍るか？

氷は水より密度が小さいので
凍結した氷は表面にとどまる

0℃

表面が凍結した
湖の中

4℃

水の密度は4℃で最大になるので、
底までは凍結しない

第4章

無機物質の世界

第4章のあらすじ

第1章の54ページで、物質には、**有機物**と**無機物**の2つがあるとお話ししました。

もう一度、有機物と無機物という言葉についておさらいすると、まず「有機物」の「有機」は「生きている、生活をするはたらきがある」という意味になります。

「有機」を英語にするとオーガニックです。つまり、要は有機体とは、生命を持ったものということなのです。

砂糖、デンプン、タンパク質、酢酸（酢の成分）、エタノールなどのアルコール、メタン、プロパンなど、有機物の物質はたくさんあります。

対して**無機物**は、水や岩石や金属のように生物のはたらきを借りずにつくられた物質を指します。要は、有機物以外です。

無機物には、金属、炭素、酸素、水素、塩素、硫黄などの単体全部、それから化合物として塩の仲間が入ります。

本章では、無機物質の世界について、右の図にある通り、単体ごとに取り上げて解説したいと思います。

1	水素	H	最も小さい原子・分子で地球上に水として存在
2	炭素	C	生物の主要構成元素で有機化合物の世界をつくる
3	窒素	N	空気の約78％を占める窒素ガス
4	酸素	O	多くの元素と化合して酸化物をつくる酸素ガス
5	塩素	Cl	人類初の毒ガス兵器（化学兵器）として使われた塩素ガス
6	硫黄	S	燃えると、有毒な亜硫酸ガス〔二酸化硫黄〕が発生
7	ナトリウム	Na	カッターナイフで簡単に切れるやわらかい金属
8	マグネシウム	Mg	まばゆい光で燃えて酸化マグネシウムになる金属
9	カルシウム	Ca	骨、歯、殻などをつくる生体の主成分の1つ
10	アルミニウム	Al	アルミニウムは軽金属の代表的存在
11	鉄	Fe	現在も鉄文明の時代
12	銅	Cu	鉄、アルミニウムに次いで使用量3位の金属
13	亜鉛	Zn	亜鉛はトタンや乾電池の負極に

序章　原子とは何か？

第1章　原子の組み替え

第2章　周期表ができるまでの化学の歴史

第3章　化学の〝道案内〟の地図〟周期表

第4章　無機物質の世界

第5章　密度やモルなどの量と計算

第6章　酸・塩基と酸化還元

第7章　有機物の世界

H:最も小さい原子・分子で地球上に水として存在

水素は宇宙に最も多い元素

　宇宙の高真空中では、水素は単独の原子として漂っています。宇宙が始まったとされる"ビッグバン"（大爆発）で最初に大量にできたのは陽子（水素原子核）でした。38万年ぐらい経って宇宙が冷えてきたときに、陽子と電子が手を結んで水素原子ができました。

　莫大なエネルギーを放出している太陽は、もともとはおもに水素からできていました。水素原子4個が融合してヘリウム原子1個がつくられる核融合反応が起こっています。そのときのエネルギーが太陽のエネルギーのもとになっています。

水素ガスは燃えると水になる

　地球上で、水素は水素分子（水素ガス）として存在するものの、水素ガスは地球の重力では大気圏に保持できないので、大気中にはほとんど存在しません。

　水素ガスは、気体の中で最も軽いです。水素は燃えると水になります。**空気中に水素が4～75％含まれる混合気体に点火すると爆発的に反応します。**

　$2H_2 + O_2 \rightarrow 2H_2O$

　燃料電池の燃料として次世代エネルギー源として注目されています。日本はエネルギー源として水素を中心とする水素社会を目指しています。地球上では酸素と結びついて水として多量に存在しています。液体ロケットの燃料には液体水素と液体酸素が使われます。アンモニアNH_3の製造など化学工業の原料としても使われます。

C:生物の主要構成元素で 有機化合物の世界をつくる

序章
原子とは何か？

第1章
原子の組み替え

第2章
周期表ができるまでの化学の歴史

第3章
化学の"道案内の地図"周期表

第4章
無機物質の世界

第5章
密度やモルなどの量と計算

第6章
酸・塩基と酸化還元

第7章
有機物の世界

 黒色のものから無色透明のものまで

　ほぼ炭素でできているもので昔からよく知られていたのは木炭です。木材をむし焼きにすると分解されて木炭になります。木炭は**無定形炭素**といって、はっきりした結晶構造をもちません。

　他に炭素だけでできている物質（炭素の同素体）には、結晶や分子がはっきりしているダイヤモンド、黒鉛、フラーレンなどがあります。**似ても似つかぬ黒い木炭（最も結晶化が進んだのが黒鉛）と無色透明で最も硬いダイヤモンドは、どちらも燃やすと二酸化炭素を生じます。**

鉛筆の芯に黒鉛を使うわけ

**　ダイヤモンドは屈折率が高いことから宝石に使われる他にも、最も硬いという性質からガラスの切断や岩石の切削にも用いられています。黒鉛はやわらかく電気をよく通す性質があり、電池や電気分解の電極や鉛筆の芯に用いられます。**

　鉛筆の芯は、「黒鉛と粘土を焼き固めたもの」あるいは「黒鉛とプラスチックを混ぜて固めたもの」です。黒鉛を芯に使うのは、その結晶構造から薄くてはがれやすい性質があるからです。黒鉛の結晶構造は、共有結合で結びついた炭素原子が六角形の網目状に並んで平面を形づくり、それらが積み重なった巨大な分子です。平面同士は弱い分子間力で結びついているので、はがれやすいです。

　鉛筆の芯の硬さは、黒鉛の割合が多いほどやわらかくなります。日本（日本工業規格JIS）では、やわらかくて濃い6Bから、硬くて薄い9Hまであり

ます。やわらかくて濃い順に、6B、5B、4B、3B、2B、B、HB、F、H、2H、3H、4H、5H、6H、7H、8H、9Hの17段階あります。Bは英語のブラック（Black）、つまり「黒い」、Hは英語のハード（Hard）、つまり「硬い」の頭文字をとった記号です。HとHBの中間の硬さのFは「堅固な」という意味のファーム（Firm）が由来です。

フラーレンの発見

「炭素はありふれた元素であり、もう調べ尽くしたので他に同素体はない」というのが通説でした。

ところが、ひょんなことから、**1985年に60個の炭素原子が12個の五角形と20個の六角形をつくり、全体がサッカーボールそっくりの美しい球になっている分子が発見されました。**

じつは、この分子が発見される15年前の1970年に日本の**大澤映二**博士によってその存在が予言されていました。

さらに、C_{70}をはじめとして、C_{76}、C_{78}、C_{84}など炭素数の大きい分子も見つかり、総称して**フラーレン**と呼ばれるようになりました。

球状だけではなく筒状の**カーボンナノチューブ**もあることがわかりました。カーボンナノチューブは、フラーレンの一種に分類することもあります。

分子内部の空間に別の原子を入れたりしたものについて、物理的、化学的性質の探究や医学への応用などの研究が盛んに行われています。

図4-1 フラーレンとカーボンナノチューブ

C_{60}
C_{70}
カーボンナノチューブ

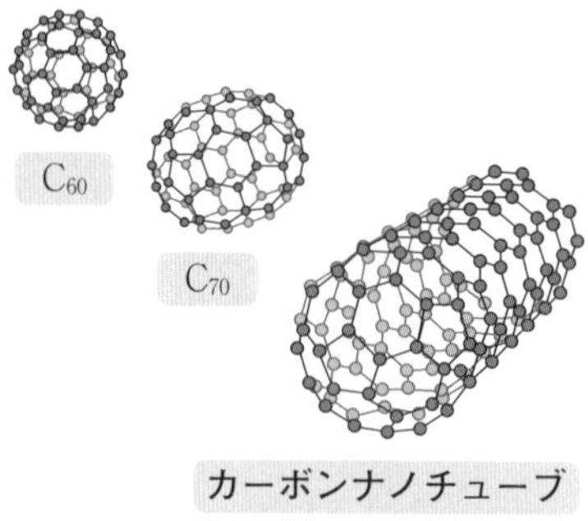

C_{60}：サッカーボール状の球体
C_{70}：ラグビーボール状
カーボンナノチューブ：筒状

炭素を含む無機化合物

　炭素や炭素を含む化合物を空気中で燃焼させると、二酸化炭素を生じます。**二酸化炭素は無色・無臭の気体で、水に溶けて弱い酸性を示します。**炭酸水には、二酸化炭素が水に溶けてできる弱い**炭酸 H_2CO_3**が含まれていますが、炭酸は水溶液としてしか存在できません。

　二酸化炭素を石灰水［水酸化カルシウム水溶液 $Ca(OH)_2$］に通すと、水に溶けにくい炭酸カルシウム $CaCO_3$の沈澱を生じて白濁します。

$$Ca(OH)_2 + CO_2 \rightarrow CaCO_3 + H_2O$$

　固体の二酸化炭素は、1気圧では $-79℃$で昇華して直接気体になるのでドライアイスと呼ばれ、冷却剤に用いられます。ドライアイスは、二酸化炭素分子が分子間力で結びついた分子結晶です。

　炭素や炭素を含む化合物が不完全燃焼すると、一酸化炭素が生じます。一酸化炭素は無色・無臭で、血液中のヘモグロビンと強く結びつき、血液が酸素を運ぶはたらきを妨げるため有毒な気体です。

有機化合物の世界

　炭素の化合物は2億種類もあり、有機化合物の世界をつくっています。炭素は生物体の主要構成元素で、生物の様々な機能に関係しています。**デンプンやタンパク質、脂肪は、炭素の化合物、つまり有機化合物です。**

　自然界では、植物が二酸化炭素と水を原料に光合成で、また、海底熱水生態系において化学合成細菌が無機物から有機化合物をつくっています。その有機化合物が生物の体をつくり、生活のエネルギー源になっているのです。

　天然繊維や合成繊維、プラスチックも有機化合物です。石油、石炭、天然ガスといった化石燃料も、有機化合物からできています。有機化合物が燃焼してできる二酸化炭素は、温暖化物質として問題になっています。

序章　原子とは何か？

第1章　原子の組み替え

第2章　周期表ができるまでの化学の歴史

第3章　化学の道案内の地図・周期表

第4章　無機物質の世界

第5章　密度やモルなどの量と計算

第6章　酸・塩基と酸化還元

第7章　有機物の世界

N：空気の約78%を占める窒素ガス

空気中に約78%含まれる

窒素ガス N_2 は、**無色、無味、無臭で、地球大気の約78%を占めています。**約－196℃で液化し、液体窒素は冷却剤に用いられます。液体窒素は空気を冷やして液体空気をつくり、沸点の違いによって液体酸素と分けて取り出されます。

窒素酸化物はNOx

ふつうの温度では不活性な気体であるものの、N_2O、NO、N_2O_3、NO_2、N_2O_5 など、高温の条件などでは酸素と様々な酸化物をつくります。窒素酸化物は、まとめて $\overset{\text{ノックス}}{NOx}$ と呼ばれ、大気汚染や酸性雨の原因になります。

一酸化窒素NOは、自動車のエンジン内など空気が高温になるところで空気中の窒素と酸素が反応して発生します。一酸化窒素は無色の気体で、水に溶けにくいのですが、空気中ですみやかに酸化され、二酸化窒素になります。二酸化窒素は赤褐色の気体で、水に溶けやすく、特有の臭気があり、きわめて有毒です。

窒素ガスはアンモニアをつくる原料

他に窒素を含んだ化合物には、アンモニア NH_3、硝酸 HNO_3 やアミノ酸などがあります。**アンモニアは、無色で刺激臭を持ち空気より軽く、水に非常に溶けやすい気体です。水溶液（アンモニア水）は弱い塩基性（アルカリ性）を示します。**1910年代に、窒素と水素からアンモニアを工業的につくるハーバー・ボッシュ法が確立されました。ハーバーとボッシュは、鉄

を主成分とする触媒を見いだし、350気圧の高圧に耐える装置で、効率よくアンモニアを合成することに成功したのです。

$$N_2 + 3H_2 \xrightarrow{\text{Fe（触媒）}} 2NH_3$$

アンモニアから硝酸、肥料、染料など多くの窒素化合物がつくられます。 硝酸 HNO_3 は、強い酸性を示すとともに、酸化力もあるので、銅、水銀、銀なども溶かします。硝酸は、工業的には、白金を触媒としてアンモニアと空気（酸素）から一酸化窒素をつくり、これをさらに酸化して二酸化窒素にしたのち、水と反応させてつくります。

アンモニアから窒素肥料

植物の肥料の三大要素は、窒素、リン（リン酸）、カリウムです。 窒素は、植物の体内でタンパク質となり、細胞の原形質をつくります。植物自身は空気中の窒素を直接吸収して役立てることができず、アンモニウムイオン NH_4^+、硝酸イオン NO_3^- などの窒素化合物の形で吸収して活用しています。20世紀の初頭までは、窒素化合物の原料はチリ硝石 $NaNO_3$ にたよっていました。ハーバー・ボッシュ法の工業的確立により、窒素化合物が空気中の窒素から生産できるようになり、その後の世界の農業生産の増大につながったのです。

タンパク質はアミノ酸からできている

人間の体をつくる栄養素としてはタンパク質が重要です。**タンパク質は窒素原子を含むアミノ酸が多数つながってできた非常に大きな分子（高分子＝ポリマー）です。アミノ酸の特徴は元素として炭素、水素、酸素の他に必ず窒素を含むこと**です。硫黄を含むアミノ酸もあります。私たちの体の毛髪、皮膚、内臓や腱などの軟組織はすべてタンパク質でできています。また、体内の様々な化学反応を進めるはたらきをもつ酵素もタンパク質でできています。

序章　原子とは何か？

第1章　原子の組み替え

第2章　周期表ができるまでの化学の歴史

第3章　化学の"道案内"の地図＝周期表

第4章　無機物質の世界

第5章　密度やモルなどの量と計算

第6章　酸・塩基と酸化還元

第7章　有機物の世界

O：多くの元素と化合して 酸化物をつくる酸素ガス

 空気の約21%は酸素ガス

　酸素ガスO_2は無色・無味・無臭で、水に少し溶けます。水に溶けても酸性を示しません。反応性に富み、多くの元素と化合して酸化物をつくります。空気の約21%は酸素で、多くの生物は、空気中の酸素または水に溶けた酸素を体内にとり入れて生命活動を維持しています。

　工業的には空気を冷やしてつくった液体空気を沸点の違いで酸素と窒素に分けて製造しています。製鉄で鋼をつくるときに一番使われています。他には、高温の炎で鋼などを切断したり溶接したりするための酸素アセチレンバーナー用や医療用に使われます。酸化しやすい食べ物やカビが生えやすい菓子類にはよく脱酸素剤が入っています。この脱酸素剤は鉄の微粉末で、酸素と結合して袋の中の空気から酸素を除いてしまいます。そのため、酸化による変質などを防ぐことができます。

酸素の同素体オゾン

　オゾンO_3は、成層圏（高度10〜50km）では、最大で1000分の1%程度含まれ、オゾン層を形成しています。オゾン層によって、特に生物に有害な紫外線が吸収されており、地上の生物を紫外線の有害な作用から保護しています。

　近年、オゾン層が薄くなって穴が開いたようになる**オゾンホール**が問題になっています。

　オゾンは、酸素中で放電を行うか、酸素に紫外線をあてると生じます。コピー機などの放電でも空気中の酸素分子からオゾンが生じて、オゾン臭が

発生します。オゾンの語源はラテン語の「臭う」です。

オゾンは酸化力が強く、オゾンそのものは人体に有害です。オゾンは独特のにおいのある淡青色の有毒な気体です。

酸素は地殻で最も多い元素

酸素は、水H_2Oとして、岩石中では二酸化ケイ素SiO_2などの化合物として存在し、地殻中で最も多く存在する元素です。

非金属元素の酸化物は、水と反応してオキソ酸（酸素酸）をつくる

非金属元素の酸化物である二酸化炭素CO_2、十酸化四リンP_4O_{10}、三酸化硫黄SO_3などは、**分子性物質**です。**これらは、水と反応してオキソ酸を生じたり、塩基と反応して塩を生じたりするので、酸性酸化物と呼ばれます。**

$$SO_3 + H_2O \rightarrow H_2SO_4$$

オキソ酸（酸素酸）とは、このようにして生成する硫酸H_2SO_4、リン酸H_3PO_4や炭酸H_2CO_3などのように酸素を含んだ酸のことです。ラボアジェは、これらの酸が酸素を含むことから酸素こそ酸性のもとと考えて酸素と命名しました。その後、酸性のもとは水素イオンH^+（正確にはオキソニウムイオンH_3O^+）とわかりました。

金属元素の酸化物は塩基性酸化物

金属元素の酸化物である酸化ナトリウムNa_2Oや酸化マグネシウムMgOなどは、**イオン性物質（イオン結晶）**です。**これらには、水と反応して水酸化物を生じたり、水に溶けて塩基性を示したりするものがあります。**また、酸と反応して塩をつくるので、**塩基性酸化物**と呼ばれます。

$$Na_2O + H_2O \rightarrow 2NaOH$$

$$CaO + H_2O \rightarrow Ca(OH)_2$$

序章 原子とは何か？

第1章 原子の組み替え

第2章 周期表ができるまでの化学の歴史

第3章 化学の"道案内の地図"周期表

第4章 無機物質の世界

第5章 密度やモルなどの量と計算

第6章 酸・塩基と酸化還元

第7章 有機物の世界

Cl:人類初の毒ガス兵器(化学兵器)として使われた塩素ガス

 ハロゲンの単体

周期表の17族に属するフッ素F、塩素Cl、臭素Br、ヨウ素Iなどの元素をハロゲンと呼びます。**ハロゲンとは、ギリシア語で「塩をつくる」という意味**です。実際、ハロゲンは、いろいろな塩をつくります。たとえば、ナトリウムと化合すると、フッ化ナトリウムNaF、塩化ナトリウム$NaCl$、臭化ナトリウム$NaBr$、ヨウ化ナトリウムNaIなどの塩ができます。**ハロゲンの単体は2原子分子で、反応性に富み、多くの元素の単体と直接反応してハロゲン化物をつくります。**

 ハロゲンの反応性　フッ素＞塩素＞臭素＞ヨウ素

ハロゲンの単体の反応性は、原子番号が小さいほど強いです。フッ素や塩素は、水素と爆発的に反応して、フッ化水素HFや塩化水素HClを生じます。

臭化カリウム水溶液に塩素ガスを通じると、**臭素**を生じます。

$$2KBr + Cl_2 \rightarrow 2KCl + Br_2$$

KBrとKClは水中でK^+、Br^-、Cl^-に電離しているので、反応に関わっていないK^+を両辺から消去すると、次のようになります。

$$2Br^- + Cl_2 \rightarrow 2Cl^- + Br_2$$

 ハロゲンの単体はいずれも有毒

塩素ガスは刺激臭のある黄緑色のガスです。**空気中にわずか0.003〜0.006%でもあると鼻、のどの粘膜をおかし、それ以上の濃度になると血を**

はいたり、最悪のときには死に至ります。塩素ガスは、第一次世界大戦で毒ガスとして用いられました。塩素ガスは、水道水や汚水の殺菌および漂白などに多量に用いられる他、塩酸、さらし粉など多数の無機塩素化合物や有機塩素化合物（農薬、医薬、ポリ塩化ビニルなど）の製造原料として広く用いられています。塩素ガスを水に溶かしたものを**塩素水**と呼び、塩素水の中では、一部が水と反応して次亜塩素酸HClOを生じています。

歯みがき剤に添加されている"フッ素"

歯みがき剤に添加されている"フッ素"は、フッ化ナトリウムNaFやモノフルオロリン酸ナトリウムといったフッ素の化合物です。歯のエナメル質に作用して歯が丈夫になるといわれています。

ガラスを溶かすフッ化水素酸

フッ化水素ガスHFを水に溶かして約50%の水溶液にしたものは**フッ化水素酸**と呼ばれます（略してフッ酸ともいう）。ガラスを溶かすので、理科実験に使うガラス器具の目盛りを刻むのにフッ化水素酸を使います。フッ化水素酸は皮膚につくと非常に激しい痛みを引き起こし、かつ皮膚を腐食するので要注意ですが生活の場面で使うことはないでしょう。

塩素の化合物

塩化水素ガスHClの水溶液が塩酸。市販の濃塩酸は、塩化水素を約35%含みます。胃液は薄い塩酸です。塩化ナトリウムNaClは食塩の主成分で、ナトリウムと塩素ガスを一緒にすると直接的に反応して塩化ナトリウムができます。**塩素を塩基（アルカリ）と反応させると、次亜塩素酸HClOの塩ができます**。次亜塩素酸の塩は強い酸化力があるので、漂白や殺菌に利用されています。塩素系洗浄剤やカビ取り剤の主成分は次亜塩素酸ナトリウム。これに塩酸を含む酸性洗浄剤を加えると塩素ガスが発生し、危険です。トイレ、浴室の掃除で死者が出ています。

序章 原子とは何か？

第1章 原子の組み替え

第2章 周期表ができるまでの化学の歴史

第3章 化学の道案内の地図＝周期表

第4章 無機物質の世界

第5章 密度やモルなどの量と計算

第6章 酸・塩基と酸化還元

第7章 有機物の世界

S:燃えると、有毒な亜硫酸ガス〔二酸化硫黄〕が発生

硫黄はにおわない

　硫黄には多くの同素体があり、最も一般的な黄色の結晶は斜方硫黄で、黄色の樹脂光沢のある結晶です。他に単斜硫黄やゴム状硫黄があります。

　一般的に見られる斜方硫黄、それに単斜硫黄は硫黄分子S_8からできています。それなら硫黄の化学式はS_8になるのですが、慣例的にS_8とわかる前の「S」で表すことが多いです。硫黄は火山の火口付近で見られ、有史以前から人類に馴染みのある元素です。温泉街などで「硫黄のにおいがする」というのは正しくは「硫化水素の臭い」で、硫黄自体は無臭です。温泉から出てきた硫黄の沈澱物は湯の花と呼ばれて、温泉土産になっています。かつては火山地帯で工業用などの硫黄を採取していましたが、現在は石油に含まれる硫黄を脱硫で取り除いて得た硫黄で間に合った状態にあり、硫黄採取は行われていません。

　硫黄は化学的にかなり活発な元素で、特に高温ではきわめて高い反応性があります。金、白金以外のたいていの金属と反応し、硫化物をつくります。酸素、水素、炭素などの非金属と反応して、二酸化硫黄SO_2（亜硫酸ガス）、硫化水素H_2S、二硫化炭素CS_2などを生じます。

硫黄は青い炎をあげて燃える

　硫黄は燃えやすい物質です。火をつけると青い炎をあげて燃え、二酸化硫黄SO_2になります。二酸化硫黄は、別名亜硫酸ガス。無色で刺激臭のある有毒な気体です。

　二酸化硫黄が水にとけると亜硫酸H_2SO_3ができます。日本においても、か

つて全国で公害問題が起こりました。その1つが、四大公害事件として知られる四日市ぜんそく事件です。三重県で1960年から1972年にかけて四日市コンビナートから発生した大気汚染によって起こった集団的なぜんそくなどの気管や肺の障害事件でした。原因は、コンビナートで使われた硫黄が含まれている石油の燃焼によって発生した二酸化硫黄でした。

　各地で公害に対して反対運動が起こったりして、諸対策が進みました。石油からあらかじめ硫黄を取り除いたり、排ガスから二酸化硫黄を取り除いたりする脱硫技術などで改善されていきました。

ガス漏れがすぐわかるように使用される着臭剤は硫黄化合物

　ニンニク、玉ねぎ、ワサビ、ダイコン、キャベツなどの独特の臭いや刺激臭は硫黄化合物が原因です。ガス漏れの際にすぐに気づくように、ガスにわざと配合されている悪臭化合物も硫黄化合物です。都市ガス（主成分メタンCH_4）、プロパンガス（主成分プロパンC_3H_8）などの漏れを容易に検知するために臭気の高い物質が添加されています。たとえば東京ガスでは、ターシャリー-ブチルメルカプタン（TBM）という玉ねぎが腐ったようなにおいの有機硫黄化合物を用いています。

硫黄の化合物

　硫化水素H_2Sは、硫化鉄（Ⅱ）に希硫酸を加えると発生します。硫化水素は水に溶けやすく、空気より重い気体です。無色で特有の悪臭（腐卵臭）があり、有毒。銀は、硫化水素と出合うと黒色の硫化銀になります。

　濃硫酸は硫酸H_2SO_4を約98％含み、無色のねばりけがある不揮発性の液体で、吸湿性が強く乾燥剤に用いられます。熱した濃硫酸は強い酸化作用があり、銅や銀を溶かします。また、濃硫酸には脱水作用があり、有機化合物から水素と酸素を水の形で奪います。濃硫酸を水で薄めると多量の熱を発生して希硫酸になります。二酸化硫黄が酸化されてできる三酸化硫黄が水に溶けると硫酸ができます。

序章　原子とは何か？

第1章　原子の組み替え

第2章　周期表ができるまでの化学の歴史

第3章　化学の道案内の地図・周期表

第4章　無機物質の世界

第5章　密度やモルなどの量と計算

第6章　酸・塩基と酸化還元

第7章　有機物の世界

Na:カッターナイフで簡単に切れるやわらかい金属

アルカリ金属（1族のLi以下）の代表ナトリウム

ナトリウムは銀白色の金属で、密度が小さく、やわらかくて融点が低いという特徴があります。**反応性に富み、水と激しく反応して水素を発生し、水酸化物を生じます。水酸化物は強い塩基性（アルカリ性）を示します。**ナトリウムの粒を水に入れると激しく反応しながら水面を走りまわり、カリウムの粒を水に入れると発火して紫色の炎をあげて燃えます。

$$2Na + 2H_2O \rightarrow 2NaOH + H_2$$

アルカリ金属は、水と酸素をシャットアウトするため灯油中に保存します。アルカリ金属の化合物を無色の炎に入れて加熱すると炎色反応が見られます。**リチウムは赤色、ナトリウムは黄色、カリウムは赤紫色**です。

私が高校時代に「左巻君、このナトリウムを処理してくれ」と教員に言われ、灯油が飛んで、表面ががちがちになったナトリウムの棒状の大きなかたまりがいくつか入ったびんを渡されたことがあります。橋の上から高校の校庭に流れている川に小さなかたまりを投げ込んでみると、ナトリウムが爆発して水柱があがり、次に大きなかたまりを投げ込んだら、ずっと大きな水柱があがりました。

そのとき、川の水は水酸化ナトリウムを投入するのと同様だったと思いますが、魚が浮いてこなかったので、幸い魚は住んでいなかったということとなのでしょう。

『マッド サイエンス』の実験写真に釘づけ

私が米国の理科教育の研究大会に参加したとき、理科教材の展示ブース

を見てまわっていたら大判のグレイ著『Mad Science』という本が目に入りました。ぱらぱらと見ていたら、見開きで不思議な写真が目に入ってきました。左ページでは、反応容器らしいところから白い煙が上に向かって噴き上がっています。その白い煙にあたるように、プラスチックの網袋に入ったポップコーンがぶら下がっています。反応容器にパイプからガスが導かれていました。パイプの先は右ページの「塩素」のガスボンベにつながっています。この実験には、「危険すぎる製塩法」という見出しがありました。塩化ナトリウムをつくって、ポップコーンに塩味をつけようという実験だったのです。反応容器に何が入っているのか見えませんでしたが、金属ナトリウムのかたまりが入っているのでしょう。そこに塩素ガスを吹きかけると、激しく発熱しながら塩化ナトリウムができます。その塩化ナトリウムが噴き上がっているのです。後日、本書は友人の高橋信夫さんによって邦訳されました。

序章 原子とは何か？

第1章 原子の組み替え

第2章 周期表ができるまでの化学の歴史

第3章 化学の“道案内”の地図“周期表

第4章 無機物質の世界

第5章 密度やモルなどの量と計算

第6章 酸・塩基と酸化還元

第7章 有機物の世界

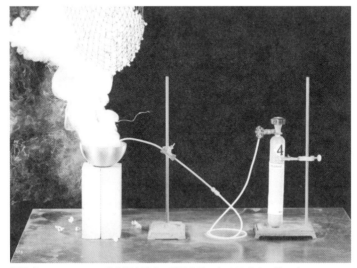

図4-2 危険すぎる製塩法

邦訳『Mad Science ―炎と煙と轟音の科学実験54』オライリージャパン、2010

身近なナトリウム化合物は塩化ナトリウム

塩化ナトリウムは、岩塩や海水中に含まれています。塩化ナトリウムは調味料の食塩として最も身近なナトリウムの化合物です。

うま味調味料のグルタミン酸ナトリウム、ベーキングパウダーに入っている炭酸水素ナトリウム $NaHCO_3$、石けんもナトリウムの化合物です。炭酸水素ナトリウムは、水に溶けて弱い塩基性（アルカリ性）を示します。酸を加えても、熱しても、二酸化炭素を発生するので、ふくらし粉や発泡性入浴剤として利用されています。**洗剤や食品添加物の成分表示に「〜ナトリウム」や「〜Na」があれば、それらはナトリウムの化合物**です。

 植物の灰の成分は？

植物を燃やすと成分元素の炭素、水素、窒素、硫黄などは酸素と結びついて空気中に広がります。

灰として残るのは、カルシウム、カリウム、マグネシウム、ナトリウムなどの金属元素の酸化物や炭酸塩です。草木灰に炭酸カリウム K_2CO_3 は10〜30％含まれており、コンブやワカメなどの海藻を焼いた灰の主成分は炭酸ナトリウム Na_2CO_3 です。

塩酸より水酸化ナトリウムのほうが怖い

水酸化ナトリウム $NaOH$ は、白色の固体で、空気中に放置すると水蒸気を吸収して、その水に溶けます（潮解）。

水酸化ナトリウムは水に溶けて強い塩基性（アルカリ性）を示し、皮膚に触れるとぬめりを感じます。これは皮膚のタンパク質が溶けているのです。目に入ると強い痛みがあり、失明することもあります。

そこで苛性ソーダ（苛性＝皮膚を腐食する、ソーダ＝ナトリウム）ともいいます。工業的には、塩化ナトリウム水溶液の電気分解によってつくられています。

Mg：まばゆい光で燃えて酸化マグネシウムになる金属

序章 原子とは何か？

第1章 原子の組み替え

第2章 周期表ができるまでの化学の歴史

第3章 化学の"道案内"の地図"周期表

第4章 無機物質の世界

第5章 密度やモルなどの量と計算

第6章 酸・塩基と酸化還元

第7章 有機物の世界

2族はアルカリ土類金属（アルカリ土類元素）

2族はすべて金属元素で、最外殻の電子が2個で2価の陽イオンになりやすいです。2族の元素をまとめて**アルカリ土類金属（アルカリ土類元素）**といいます。

ベリリウムとマグネシウムを除いた2族元素をアルカリ土類金属とすることもあります。ベリリウムとマグネシウムは、その他の2族元素と性質が違うところがあるからです。たとえば、「ベリリウムとマグネシウムの単体は、炎色反応を示さない」「ベリリウムとマグネシウムの単体は、ふつうの温度で水と反応しにくい」「ベリリウムとマグネシウムの水酸化物は、水に溶けにくい」「ベリリウムとマグネシウムの硫酸塩は、水に溶けやすい」などがあります。

海水中の塩化マグネシウムから金属マグネシウムを得る

マグネシウムは、実用金属の中ではアルミニウム、鉄に次いで、地殻の存在量が多い元素です。海水中にもたくさん含まれていて、海水から塩化マグネシウムを取り出して、塩化マグネシウムを**溶融塩電解**（固体の塩化マグネシウムを熱して融かした液を電気分解）すると金属マグネシウムを得ることができます。マグネシウムの用途の約半分は、アルミニウムをベースとした合金（たとえばジュラルミン）へ加えるために使われています。軽量化を狙って、ダイカストとしての用途の需要も伸びています。ダイカストとは融かして液体にした金属を金型に加圧注入して凝固させてから取り出す鋳造法です。自動車用ではホイール、ステアリングカラム、シート

フレームなど。携帯用としては、ノート型パソコンの筐体、カメラ、携帯電話などがあります。

マグネシウムは空気中で激しく燃焼

マグネシウムは白い強い光を出しながら燃焼して白色の酸化マグネシウムMgOを生じます。

$2Mg + O_2 \rightarrow 2MgO$

昔、マグネシウムは、カメラのフラッシュに使われていました。粉状、糸状、リボン状のマグネシウムに着火すると酸素と結合して高温になり閃光を発するからです。今でもマグネシウムの燃焼は花火に利用されています。花火は上空で「星」を飛散します。その星の色は元素の炎色反応ですが、銀（白）色に輝く星もあります。これは、**マグネシウムやアルミニウムなどの金属粉末が燃焼して高い温度になったときに輝きを増したものなのです。他の2族も空気中で激しく燃焼します。**

マグネシウムは酸素と強く結びつきやすい金属なので、二酸化炭素中でも二酸化炭素の酸素を奪いながら燃焼を続けます。

$CO_2 + 2Mg \rightarrow 2MgO + C$

マグネシウムは熱水と反応

水素を発生しながら水酸化物となります。

$Mg + 2H_2O \rightarrow Mg(OH)_2 + H_2$

水の「硬い」「やわらかい」とは

飲料水を硬水と軟水というように硬度によって分けることができます。カルシウム分やマグネシウム分がいっぱい入っているものが硬水、あまり入っていないものが軟水です。日本の水はほとんどが軟水です。

なお、マグネシウム分をたくさん含む水は下痢をもよおすことがあります。マグネシウムの化合物は便秘予防の下剤に使われています。

Ca：骨、歯、殻などをつくる生体の主成分の1つ

序章
原子とは何か？

第1章
原子の組み替え

第2章
周期表ができるまでの化学の歴史

第3章
化学の"道案内"の地図・周期表

第4章
無機物質の世界

第5章
密度やモルなどの量と計算

第6章
酸・塩基と酸化還元

第7章
有機物の世界

アルカリ土類金属の代表的元素

アルカリ土類金属の単体の反応性はアルカリ金属に次いで大きく、ベリリウムとマグネシウムを除くと、ふつうの温度で水と反応して水素ガスを発生しながら水酸化物を生じます。

$$Ca + 2H_2O \rightarrow Ca(OH)_2 + H_2$$

ベリリウムとマグネシウムを除くアルカリ土類金属の水酸化物は強塩基です。水への溶解度には差があり、原子番号が大きい元素の水酸化物ほどよく溶けます。**ベリリウムとマグネシウムを除くと、炎色反応を示します。カルシウムは橙赤色、ストロンチウムは深い赤色、バリウムは黄緑色**です。

石灰石や卵殻や貝殻の主成分、炭酸カルシウム

炭酸カルシウム $CaCO_3$ は、水に溶けません。石灰石は、炭酸カルシウムからなり、セメントの原料になります。卵の殻や貝殻の主成分も炭酸カルシウムです。**カルシウムイオンは、私たちの体の中で、最も多く含まれる金属イオン**です。リン酸カルシウムからなる骨や歯はもちろん、細胞や体液でも重要な役割を果たしています。体重50 kgの人には約1 kg程度のカルシウムが含まれています。その99％が骨や歯に、残り1％は血液中や細胞に含まれています。**炭酸カルシウムは希塩酸と反応して二酸化炭素を発生し、水に溶ける塩化カルシウム $CaCl_2$ になります。**

$$CaCO_3 + 2HCl \rightarrow CaCl_2 + H_2O + CO_2$$

塩化カルシウムは乾燥剤として使われます。塩化カルシウムの無水物は吸湿性があり、水を結晶と強く引き合う水和水として取り入れます。

生石灰と消石灰

石灰石を高温で焼くと、二酸化炭素を放出して生石灰（酸化カルシウム）**CaO になります。**

$$CaCO_3 \rightarrow CaO + CO_2$$

生石灰に水を加えると、熱を発しながら消石灰（水酸化カルシウム）になります。

$$CaO + H_2O \rightarrow Ca(OH)_2$$

このため、生石灰は、せんべいなどの包装食品の乾燥剤に用いられます。

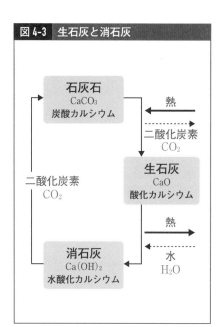

図 4-3　生石灰と消石灰

また、生石灰と水の反応は、発熱反応なので、ひもを引くと温めることができる弁当に使われています。生石灰と水が別々に入れてあってひもを引くとこれらが一緒になり、酸化カルシウムと水から水酸化カルシウムができる発熱反応が起こります。消石灰は、かつてはグラウンドの白線引きに使われていました。しかし、強い塩基性のため、傷や目に入ると危険なので、現在は炭酸カルシウムの粉末が用いられています。

二酸化炭素の確認に使われる石灰水

消石灰の水溶液が、石灰水です。理科の実験で二酸化炭素の確認に使いますが、石灰水に二酸化炭素を吹き込むと、白い沈澱ができます。**この沈澱物は、石灰石と同じ炭酸カルシウム**です。

$$Ca(OH)_2 + CO_2 \rightarrow CaCO_3 + H_2O$$

鍾乳洞ができるしくみ

石灰岩質の土地にできた空洞が鍾乳洞です。石灰岩（炭酸カルシウム）は水に溶けませんが、二酸化炭素が過剰に存在すると、炭酸水素カルシウム $Ca(HCO_3)_2$ となって溶解します。溶けた部分が大きくなって空洞になります。

$$CaCO_3 + CO_2 + H_2O \rightarrow Ca(HCO_3)_2$$

ここでのポイントは、**炭酸カルシウムは水に溶けないが、二酸化炭素を含む酸性の水には炭酸水素カルシウムになって溶ける**ことです。これは、次のような実験で確かめられます。

試験管に水で半分に薄めた石灰水を入れます。そこにストローで息を吹き込むと白く濁ります。息の中の二酸化炭素が吹き込まれて炭酸カルシウムの沈澱ができたためです。さらに息を送り込むと沈澱が消えます。炭酸水素カルシウムになって溶けたからです。炭酸水素カルシウム水溶液から二酸化炭素や水が逃げると、この逆反応が起こって再び炭酸カルシウムが析出してきます。

$$Ca(HCO_3)_2 \rightarrow CaCO_3 + CO_2 + H_2O$$

こうしてつららのように成長したのが鍾乳石で、タケノコのように突き出ているのが**石筍**です。これらは炭酸水素カルシウムを溶かした水から炭酸カルシウムが析出してできており、その成長には長い年月が必要です。

セッコウは硫酸カルシウム

硫酸カルシウム二水和物 $CaSO_4 \cdot 2H_2O$ は、**セッコウ**と呼ばれます。セッコウを焼くと、焼きセッコウ $CaSO_4 \cdot 1/2H_2O$ になります。焼きセッコウは水と混合して練ると、やや体積を増しながら硬化し、再びセッコウになります。この性質を利用して、焼きセッコウはセッコウ細工や陶磁器の型などに用いられます。

序章 原子とは何か？

第1章 原子の組み替え

第2章 周期表ができるまでの化学の歴史

第3章 化学の〝道案内〟の地図〝周期表〟

第4章 無機物質の世界

第5章 密度やモルなどの量と計算

第6章 酸・塩基と酸化還元

第7章 有機物の世界

Al:アルミニウムは　軽金属の代表的存在

鉄の次に使用量が多い金属

　アルミニウムは、銀白色の軽い金属で、やわらかくて延性、展性に富み、薄い箔に加工できます。家庭用アルミホイルは、純度99%のアルミニウム、1円硬貨はほぼ100%の純アルミニウムです。軽くて電気をよく通すので、高圧電線に使われています。熱もよく伝えるので、鍋ややかんにも使われています。光をよく反射するので、道路のカーブミラーや天文台の反射望遠鏡の鏡にも使われています。

　用途がきわめて広いのは、表面が酸化アルミニウムAl_2O_3の緻密な皮膜で覆われてさびにくいことも理由です。アルミニウムに4%の銅と少量のマグネシウムやマンガンなどを加えた合金がジュラルミンで、軽くて強じんなため航空機の機体用になります。

アルミニウムの製造

　アルミニウムは地殻にたくさん含まれていて、酸素、ケイ素に次いでいます。しかし、金属は溶融塩電解法で大量生産が始まってから利用されるようになりました。なぜなら、アルミニウムと強く結びついている酸素を取り除くことが難しかったからです。

　1820年代に、カリウムという非常に還元力が強い金属を使ってアルミニウムを得ることができました。当時、金や銀と同じくらいに貴重なものでした。ナポレオン3世は自分の上着のボタンをアルミニウムでつくらせたり、アルミニウム製の食器をごくわずかな重要来賓にだけ使って、普通の客には金製の食器を使ったりしていたといわれています。1886年、アメリ

カ人ホールとフランス人エルーが、ほぼ同時にアルミニウムを溶融塩中で電気分解して取り出すことに成功しました。

アルミニウムの原料は、**ボーキサイト**と呼ばれる赤褐色の鉱石です。酸化アルミニウム（アルミナ Al_2O_3）を52～57%含んでいます。これを精製してアルミナをつくります。

アルミナの融点は約2000℃と高く、そこまで温度を上げるのは技術的に困難でした。そこで、アルミナに混ぜて融点を下げる物質の探究が始まりました。その物質が**氷晶石 Na_3AlF_6**です。これで、融点が約1000℃に下がり、溶融し電気分解が簡単になりました。

氷晶石を加熱し液体にして、アルミナをそれに溶かしこみます。その溶融塩に炭素電極を差し込んで電気分解すると、陰極にアルミニウムが析出します。融けたアルミニウムは、電解炉の底にたまります。

ボーキサイトと氷晶石から膨大な電力を使ってつくられるので、アルミニウム鉱石からアルミニウム金属をつくるよりも、アルミ缶をリサイクルしたほうがずっと経済的なので盛んにリサイクルされています。

アルミニウムは酸にも塩基にも溶ける両性金属

アルミニウム原子は、最外殻電子3個を放出して、3価の陽イオンになります。酸化アルミニウムは、アルミニウムイオン Al^{3+} と酸化物イオン O^{2-} が2：3の割合でできているので、化学式が Al_2O_3 になります。塩化物イオン Cl^- と結びついた化合物は、塩化アルミニウム $AlCl_3$ です。

アルミニウムは、酸にも強塩基の水溶液にも溶けて水素を発生します。

$$2Al \ + \ 6HCl \qquad\qquad \rightarrow \qquad 2AlCl_3 \quad + \ 3H_2$$
$$2Al \ + \ 2NaOH \ + \ 6H_2O \ \rightarrow \ 2Na[Al(OH)_4] \ + \ 3H_2$$

テトラヒドロキシドアルミン酸ナトリウム $Na[Al(OH)_4]$ は、$NaAlO_2$ とも表されることから、**アルミン酸ナトリウム**とも呼ばれます。

序章
原子とは何か？

第1章
原子の組み替え

第2章
周期表ができるまでの化学の歴史

第3章
化学の〝道案内〟の地図〝周期表〟

第4章
無機物質の世界

第5章
密度やモルなどの量と計算

第6章
酸・塩基と酸化還元

第7章
有機物の世界

Fe:現在も鉄文明の時代

 今も続く鉄器時代

　鉄は、銀白色の金属で、**コバルト、ニッケル**とともに代表的な**強磁性体**です（磁石によくつく）。地殻中では4番目、地球全体では最も多く存在する元素で、地球の核の大部分は融けた鉄であると考えられています。

　建築材料から、日用品にいたるまで、最も広く利用されている金属です。紀元前5000年頃から利用されていて、現代も鉄文明の流れにあり、鋼を中心とした鉄の時代です。鉄と炭素が合わさった鋼は、石や青銅よりも硬くて強く、道具や武器、建築の材料になりました。

　鉄は他の金属（ニッケル、クロム、マンガンなど）と優れた性質を持つ種々の合金をつくることも用途の広さの理由の1つです。**人間は鉄の中に様々な金属を加えることによって鉄の持つ弱点を補強して鉄の新しい用途を広げていった**のです。たとえば、鉄にクロム18%、ニッケル8%を混ぜた18－8ステンレススチールという合金は、さびにくく美しい銀白色の表面を持つので様々な材料に用いられています。

人類は鉄鉱石から鉄を取り出した

　地球外から地球に飛び込んできた隕石の中で、**金属鉄が主成分のものが隕鉄（鉄隕石）**です。ほとんどの鉄隕石は5～15%（重量）のニッケルを含みます。人類が最初に出合った鉄は、隕鉄だったことでしょう。しかし、隕鉄で道具をつくっても、隕鉄は数に限りがあるので石器や青銅器を凌駕できませんでした。鉄鉱石から取り出した最初の鉄は、おそらく鉄鉱石の露出しているところで、焚火などしたその跡や、銅鉱石から銅を取り出すと

序章
原子とは何か？

第1章
原子の組み替え

第2章
周期表ができるまでの化学の歴史

第3章
化学の・道案内の地図・周期表

第4章
無機物質の世界

第5章
密度やモルなどの量と計算

第6章
酸・塩基と酸化還元

第7章
有機物の世界

きに鉄鉱石が混ざっていたりして、偶然発見されたのでしょう。

　鉄鉱石はどこでも手に入ったので、製法さえ習得できれば安く大量につくることができました。鉄鉱石としては、赤鉄鉱や磁鉄鉱、砂鉄で、成分は酸化鉄でした。鉄器は石器や青銅器より優れていたので、農業や工業、戦争の武器に使われるようになったのです。たとえば、鉄の斧で森林を切り拓き、鉄の鍬で堅い土地も容易に耕せるようになりました。

わが国のたたら製鉄

　宮崎駿監督のアニメ映画『もののけ姫』では、威勢のいい女性たちが踏み板を踏むシーンがあります。踏み板を踏むことで、ふいごから鉄をつくる炉に空気を送ります。実際には大変な重労働なので、女性が踏むことはなかったようですが、「たたら製鉄」という日本に昔から伝わる製鉄の様子を描いているのです。

　製鉄炉の遺跡を調べると、日本は古墳時代から製鉄が始まっていたようです。古代のたたらの炉は、地面を掘り下げ、砂鉄と木炭を敷きつめたような簡単なつくりでした。送風は手押し式から『もののけ姫』のシーンのような足踏み式に改良されました。時代とともに炉の形も大型化し、深い地下構造の上に粘土で箱型の炉をつくりました。

　一度たたらの炉に火を入れると、3日間休みなく作業が続く過酷な仕事でした。また、砂鉄と同量の木炭が必要でした。結局、炉は最後には取り壊されました。

　たたら製鉄は明治時代後半には

図4-4　たたら製鉄の炉

炉の構造

木炭
砂鉄
空気

溶鉱炉（高炉）を用いた洋式製鉄法に完全に取って代わられたのです。大正末期には、完全に姿を消しています。

　ただ、近年、伝統技術の保存のためにたたら製鉄法が各地で再現されるようになっています。また、日本刀製作に使用される玉鋼はたたら製鉄が適しているので、日本刀剣美術保存協会が島根県にたたら製鉄場を建設し、現在でも操業しています。

近代製鉄

　1897年（明治30年）、日本の近代製鉄は、官営八幡製鉄所の創設から始まります。近代製鉄は巨大な溶鉱炉（高炉）で、鉄鉱石（赤鉄鉱〔主成分 Fe_2O_3〕など）、コークス（石炭をむし焼きにして得られる炭素のかたまり）、石灰石の混合物の下から熱風を吹き込んでコークスを燃やします。

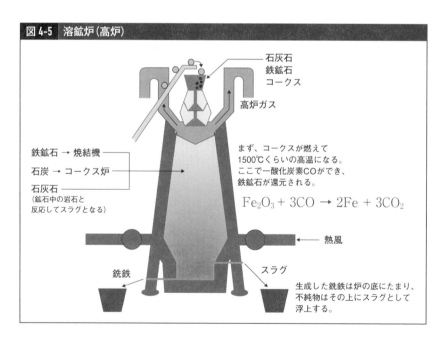

図 4-5　溶鉱炉（高炉）

石灰石
鉄鉱石
コークス

高炉ガス

鉄鉱石 → 焼結機
石炭 → コークス炉
石灰石
（鉱石中の岩石と
反応してスラグとなる）

まず、コークスが燃えて
1500℃くらいの高温になる。
ここで一酸化炭素COができ、
鉄鉱石が還元される。

$$Fe_2O_3 + 3CO \rightarrow 2Fe + 3CO_2$$

熱風

銑鉄　　　　　スラグ

生成した銑鉄は炉の底にたまり、
不純物はその上にスラグとして
浮上する。

156

高炉は非常に大きく、高さ30階建てのビルに相当するほどです。**このとき
にできる一酸化炭素が、おもに鉄鉱石から酸素を奪い鉄が取り出されます。**

こうして得られた鉄は銑鉄と呼ばれ、炭素を多く含んでいます（4〜5%）。
高炉から取り出された銑鉄はもろいので、これを転炉に移し、酸素を吹き
込んで炭素を燃焼させて減らすと、炭素の含有率が調節されて鋼がつくら
れます。

鋼は炭素の含有率が低く（0.04〜1.7%）、強じんで様々な材料に用いら
れています。現代では、アルミニウムやマグネシウム、チタンなど新しい
金属も活躍していますが、最も主要な金属材料は鉄のままです。

 ## 身近に存在する鉄

**優れた性質をもつ合金（2種類以上の金属を混ぜ合わせたもの）をつく
り出せることも、鉄の用途が広い理由の1つ**です。たとえば、鉄にクロム
とニッケルを加えた合金のステンレス鋼（ステンレススチール）は、特別
な処理をしなくてもさびにくい金属です。

使い捨てカイロや食品の脱酸素剤には鉄粉が含まれ、この酸化反応が利
用されています。

人体に存在する赤血球中のヘモグロビンは鉄を含むタンパク質であり、酸
素を体中に運ぶのに鉄は重要な役割を果たしています。

鉄の酸化物

鉄の化合物中では、鉄は2価および3価の陽イオンです。

水溶液中では、Fe^{2+}（淡緑色）は容易に酸化されて、Fe^{3+}（黄褐色）に
なります。

鉄の酸化物には、酸化鉄（Ⅱ）FeO、酸化鉄（Ⅲ）Fe_2O_3、酸化鉄（Ⅱ、Ⅲ）
〔四酸化三鉄〕Fe_3O_4があります。スチールウールを燃やすと、おもに酸化
鉄（Ⅲ）ができます。

$$4Fe + 3O_2 \rightarrow 2Fe_2O_3$$

序章
原子とは
何か？

第1章
原子の
組み替え

第2章
周期表ができる
までの化学の歴史

第3章
化学の"道案内"の
地図・周期表

第4章
無機物質の世界

第5章
密度やモルなどの
量と計算

第6章
酸・塩基と
酸化還元

第7章
有機物の世界

Cu:鉄、アルミニウムに次いで 使用量3位の金属

電線に使われる銅

銅は、やわらかい赤みを帯びた金属光沢のある金属です。紀元前3000年頃には製錬されて利用されていました。電気抵抗が銀の次に小さく、銀よりずっと安いので電線などに広く用いられています。

展性・延性が大きく熱伝導性も高いため、多くの加工品に用いられます。また、様々な金属との組み合わせで多くの合金が知られ、幅広く利用されています。代表的なものに黄銅（銅と亜鉛）や青銅（銅とスズ）があります。

銅の化合物

銅のイオンには、銅（Ⅰ）イオンCu^+、銅（Ⅱ）イオンCu^{2+}があります。銅を空気中で熱すると黒色の酸化銅（Ⅱ）ができます。銅と塩素からは塩化銅（Ⅱ）$CuCl_2$ができます。塩素ガスCl_2を入れた丸底フラスコに、コイル状にした銅線を加熱して入れると、反応して塩化銅（Ⅱ）の無水物（結晶に水和水を含んでいない）ができます。黄褐色の吸湿性の結晶ですが、水に溶けると、濃いと緑色、薄いと青色を示します。

酸化力の強い熱濃硫酸、硝酸と反応して溶けて、硫酸銅（Ⅱ）、硝酸銅（Ⅱ）を生じます。**熱濃硫酸とは、次のように反応して、二酸化硫黄を発生しながら、硫酸銅（Ⅱ）になります。**

$$Cu + 2H_2SO_4 \rightarrow CuSO_4 + 2H_2O + SO_2$$

この水溶液から析出する青色の結晶は硫酸銅（Ⅱ）五水和物$CuSO_4 \cdot 5H_2O$です。これを加熱すると水和水を失って白色粉末となり、水を吸収すると再び青色となります。銅（Ⅱ）イオンCu^{2+}を含む水溶液に、アンモニア水

や水酸化ナトリウム水溶液を加える、つまり水酸化物イオンOH^-を加えると、青白色の水酸化銅（Ⅱ）$Cu(OH)_2$が沈澱します。

$$CuSO_4 + 2NaOH \rightarrow Cu(OH)_2 + Na_2SO_4$$

水酸化銅（Ⅱ）は加熱すると酸化銅（Ⅱ）に変わります。

$$Cu(OH)_2 \rightarrow CuO + H_2O$$

Cu^{2+}を含む水溶液に硫化水素H_2Sを加えると、黒色の硫化銅（Ⅱ）CuSが沈澱します。

なぜオリンピックのメダルは金・銀・銅なの？

自然界にある金属で、単体で産出するのはおもに金、銀、水銀、銅、白金の5種類です。このうち、白金は18世紀になって発見されたため、古代では知られていませんでした。

金、銀、銅は、単体の金属、つまり自然金、自然銀、自然銅があったので、鉱石から化学的な方法を使って取り出すことをしないですむこともあり、古代から知られていました。古代人はそれらを拾って集め、叩いてくっつけて大きなかたまりにしたり、広げたり、削ったり、加熱したり融かしたりして加工しました。銀や銅は鉱石から得るようになっても、イオン化傾向が小さいので割と容易に鉱石から取り出せました。

ほとんどの金属が銀色ですが、金は金色、銅はあかがね色（銅色）とその色調と輝きが際立っていました。特に、金は金色から変わることなく富の象徴でもありました。銀は銀色でも反射率が高いため、特に優れた輝きをもっています。

金、銀、銅はどれも融点は1000℃前後で、融かしやすく、また延性・展性もよいので加工がしやすいことが特徴です。そして、金や銀は特に希少性があり、高価です。また、金は、延性・展性が共にきわめて大きく、通常の金箔で0.0001 mm厚となり、1 gの金を3000 m長の針金にできます。

オリンピックのメダルは金・銀・銅が選ばれ、また1位〜3位の順番で与えられています。

序章　原子とは何か？

第1章　原子の組み替え

第2章　周期表ができるまでの化学の歴史

第3章　化学の"道案内"の地図"周期表

第4章　無機物質の世界

第5章　密度やモルなどの量と計算

第6章　酸・塩基と酸化還元

第7章　有機物の世界

Zn:亜鉛は トタンや乾電池の負極に

亜鉛とその合金の黄銅

亜鉛は、やや青みを帯びた銀白色の金属。マンガン乾電池やアルカリ乾電池の負極に使われています。12族の亜鉛の原子番号は30なので、**陽子数＝電子数＝30で、電子配置はK殻2個、L殻8個、M殻18個、N殻2個、最外殻電子数は2個なので、Zn^{2+}という2価の陽イオンになりやすい**です。酸化亜鉛はZnO、塩化亜鉛は$ZnCl_2$、硫酸亜鉛は$ZnSO_4$です。

銅との合金は**黄銅**または**真鍮**と呼ばれます。加工しやすいため、5円黄銅貨をはじめ金管楽器などに用いられています。ブラスバンドのブラスは黄銅の英語名です。もともと、ブラスバンドは黄銅でできた楽器、つまり金管楽器と打楽器のみで構成された楽隊のことを指していました。

亜鉛は鉄の表面をメッキしたトタンの材料に使われているので、トタンの表面に亜鉛の結晶模様が見られます。

トタンは、鉄よりも亜鉛のほうがイオン化傾向が大きいので、本体の鉄よりも先に亜鉛が腐食することで本体を保護できます。

アルミニウム同様、亜鉛も両性金属

亜鉛は、酸にも強塩基の水溶液にも溶けて水素を発生します。

$$Zn + 2HCl \rightarrow ZnCl_2 + H_2$$
$$Zn + 2NaOH + 2H_2O \rightarrow Na_2[Zn(OH)_4] + H_2$$

第5章

密度やモルなどの
量と計算

第5章のあらすじ

　化学で最も多くの人がつまずくところといえば、やはり、本章で取り上げる**モル**でしょう。前に、化学の内容は計算の要素と覚える要素の2つからできているとお話ししましたが、モルはまさに化学の計算の要素を代表する単元です。

　なぜ、こんなやっかいな計算があるかといえば、「目には見えないミクロな世界と目に見えるマクロな世界」をつなげる役割を果たしてくれる物質量がわかるからです。

　自然現象には様々なものがあり、それぞれに測る単位があります。

　たとえば、ものが動くときに、移動距離は「m（メートル）」で、移動にかかった時間は「秒」で測りますよね。

　化学反応において、この「m」や「秒」にあたるのがモルなのです。モルは「粒子（原子や分子など）の数」の単位といってもよいでしょう。

　原子や分子はミクロな世界なので、自分の目で実際に見て粒子の数を数えることはできませんが、モルを用いることによって粒子の数を把握することが可能になるのです。

密度

$$\frac{質量の単位}{体積の単位} = \frac{g}{cm^3} \Rightarrow g/cm^3$$

モル

1 1 mol あたりの粒子の数 ＝ 6.02×10^{23}/mol ➡ アボガドロ定数

2 物質 1 mol あたりの質量（g） ➡ モル質量

質量パーセント濃度

$$質量パーセント濃度（\%） = \frac{溶質の質量（g）}{溶媒の質量（g）＋溶質の質量（g）} \times 100$$

モル濃度

$$モル濃度 \ mol/L = \frac{溶質の物質量 \ mol}{溶液の体積 \ L}$$

アボガドロの法則／ボイル・シャルルの法則

理想気体と実在気体

序章 原子とは何か？

第1章 原子の組み替え

第2章 周期表ができるまでの化学の歴史

第3章 化学の道案内の地図。周期表

第4章 無機物質の世界

第5章 密度やモルなどの量と計算

第6章 酸・塩基と酸化還元

第7章 有機物の世界

「重い・軽い」の1つの意味は「1体積あたりの質量」

🧪 密度は、物質1 cm³あたりの質量g

　私たちが日常的に使用する「重い・軽い」という言葉には、もの自体の量である質量について「**全体での質量**」と「**ある体積あたりの質量**」の2つの意味があります。ものの浮き沈みで、「重いものは沈み、軽いものは浮く」のですが、この場合の重い、軽いは、ある体積あたりの質量です。物質1 cm³あたりの質量gを「密度」といいます。物質の密度がわかれば、ものの浮き沈みを予想できます。すでに2500年前に、古代ギリシアの哲学者デモクリトスは、原子論から物質の密度の違いを「鉛と木を比べると、鉛の中にはたくさん原子が詰まっているのに対し、木は少ししか詰まっていない」と説明しています。

　では、いろいろな固体の物体（物質は未知）の1 cm³あたりの質量を求めるには、どうすればよいでしょうか。もちろん、1 cm³の大きさの物体をつくって質量をはかればよいのですが、1 cm³の物体をいつも簡単につくれるわけではありません。**物体を破壊しないで、1 cm³あたりの質量を求めるには、質量と体積をはかり、「1体積あたりの質量」を計算します。**

　たとえば、ある物体は393 gで50 cm³でした。1 cm³あたりの質量を計算するには393 gを50 cm³で割ればよいので、393 g ÷ 50 cm³ = 7.86 g/cm³となり、密度は7.86 g/cm³になります。

　つまり、質量÷体積の値は、密度になります。

$$\text{密度} = \frac{\text{質量}}{\text{体積}}$$

密度の単位は g/cm^3

密度、質量、体積の計算をするときは、それぞれの単位も同じように計算するくせをつけましょう（質量の単位：g　体積の単位：cm^3）。

$$\frac{\text{質量の単位}}{\text{体積の単位}} = \frac{g}{cm^3} \rightarrow g/cm^3$$

この単位は1 cm^{3}あたり○gということを表します。 グラム毎立方センチメートル（あるいはグラムパー立方センチメートル）と読みます。「/」は、1あたりいくらかを示す記号です。分数の分母と分子の間の「—」と同じです。

たとえば、1本60円の鉛筆は、60円/本、1カ月1000円のお小遣いは、1000円/月になります。

物質の密度は、金属なら、金属の原子の「1個の質量」と「詰まり方」「詰まり具合」で決まります。たとえ原子1個の質量が大きかったとしても、ギッシリした詰まり方なのか、それともスカスカした詰まり方なのかによって密度は違ってしまいます。

密度は、物質の種類によって決まっている値なので、密度を求めることによって、それがどんな物質なのかを知る手がかりの1つになるのです。

図 5-1 固体と液体の密度（単位はg/cm^3）

金	19.3	木材（黒檀）	1.1〜1.3
タングステン	19.3	木材（ひのき）	0.49
水銀	13.5	牛乳	1.03〜1.04
鉛	11.3	灯油	0.80〜0.83
鉄	7.9	エタノール	0.79
ナトリウム	0.97	ガソリン	0.66〜0.75
塩化ナトリウム	2.2		
ショ糖	1.59		

165

密度と浮き沈み

　水の密度1 g/cm³よりも密度が大きい物質を水に入れると沈み、密度が小さい物質を水に入れると浮きます。氷の密度は0.92 g/cm³なので、氷は水に浮かびます。新鮮な卵の密度は1.08～1.09 g/cm³です。したがって、卵は水に沈みます。食塩水は20℃で、1%→1.005 g/cm³、5%→1.034 g/cm³、10%→1.071 g/cm³、15%→1.109 g/cm³、20%→1.149 g/cm³です。15%近くの食塩水なら卵の密度を超えますから浮くのです。

　液体の金属の水銀には、鉄もぷかぷか浮いてしまいますが、タングステンは沈んでしまいます。

　黒檀は、高級な仏壇などの材料にする木材です。黒っぽい色をしていて、ずっしりとした重みと硬さがあり、水に沈みます。一般的に木片は中に隙間があり、そこに空気が入っているので、平均の密度は水より小さいので浮くのです。

単位をつけて密度の計算

　密度の単位はg/cm³ということ、つまり1体積あたりの質量をイメージしておけば、**密度を求めるにはg÷cm³、つまり、密度＝質量÷体積**とわかります。g/cm³に体積cm³をかければ、cm³は分母と分子で消去されて質量gが残ります。これが密度×体積＝質量ということです。

　では、鉄（密度7.86 g/cm³）の1 kg（＝1000 g）は何cm³でしょうか。密度の単位で求めようとするcm³は分母にあるので、密度をひっくり返します。

　$\dfrac{1}{密度}$＝cm³/gから分母のgを消去するには、gをかけるとcm³が残ります。したがって、次のようになります。

$$\frac{1}{7.86}\ \text{cm}^3/\text{g} \times 1000\ \text{g} = 127\ \text{cm}^3$$

原子量は、水素原子1個の質量に原子質量単位uをつけて考える

原子質量単位u

原子の質量は、とても小さいです。たとえば水素原子1個の質量は0.00000000000000000000000167（$= 1.67 \times 10^{-24}$）gしかありません。

そこで一番軽い水素原子（陽子1個の軽水素）を基準にして、原子同士で質量を比べてみます。物の質量について、水素原子分銅を使って天びんではかるのと同じことです。

すると、炭素原子1個、酸素原子1個はそれぞれ水素原子1個の質量の12倍、16倍です。

このことを利用して、原子1個の質量はふつう使っているgやkgではなく、特別な単位を使って表します。この単位は**原子質量単位**と呼び、単位をuという記号で表します。水素原子1個の質量単位は1uですから、ここでは**各原子の原子1個の質量単位は「各原子が水素原子の何倍の質量をもっているか」を示したものと同じ**と考えておきましょう。各原子1個の質量をuで表したときの、uの前の数値は**原子量**といいます。

図5-2　原子の質量単位

炭素原子1個　　水素原子12個

現在1uは陽子6個・中性子6個の質量数12の炭素原子1個を12uとしている。ここではわかりやすさ優先で水素原子1個を1uとしている。基本的な考え方は同じ。

序章　原子とは何か？

第1章　原子の組み替え

第2章　周期表ができるまでの化学の歴史

第3章　化学の道案内の地図・周期表

第4章　無機物質の世界

第5章　密度やモルなどの量と計算

第6章　酸・塩基と酸化還元

第7章　有機物の世界

同位体（アイソトープ）

　周期表の1マスに入っている元素、つまり原子番号が同じでも、じつは原子核が違うものが何種類か含まれている場合があります。原子番号が同じということは原子核の陽子数が同じということです。**原子核が違うものたちは、原子核の中性子の数が違う**のです。それが「同位体（アイソトープ）」あるいは「同位元素」です。

　同位体には、放射能（放射線を出す性質）をもっていて原子核が崩壊したりして他の原子になっていく放射性同位体（ラジオアイソトープ）もあります。放射性同位体ではないものを安定同位体といいます。

　同位体の天然に存在する割合（存在比）はほとんど一定です。たとえば、水素原子には、安定同位体に水素と重水素、放射性同位体に三重水素（トリチウム）があります。自然界には個数の比で、水素が99.985%存在し、重水素は0.015%と少ないです。

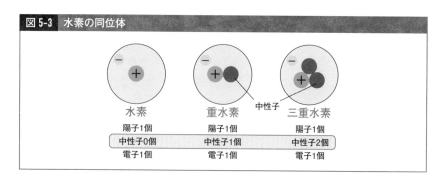

図 5-3　水素の同位体

水素	重水素	三重水素
陽子1個	陽子1個	陽子1個
中性子0個	中性子1個	中性子2個
電子1個	電子1個	電子1個

同位体の相対原子質量に存在度の重みをかけて平均原子量を求める

　塩素には質量数が35、37の2種類の安定同位体^{35}Cl、^{37}Clがあります。自然界には^{35}Clが75.8%とメインで、^{37}Clは24.2%です。塩素の原子量35.5は、存在度の重みをかけた平均（加重平均）から求めたものです。

　$35.0 \times 0.758 + 37.0 \times 0.242 = 35.5$

序章
原子とは何か？

第1章
原子の組み替え

第2章
周期表ができるまでの化学の歴史

第3章
化学の道案内の地図・周期表

第4章
無機物質の世界

第5章
密度やモルなどの量と計算

第6章
酸・塩基と酸化還元

第7章
有機物の世界

周期表は初め原子量をもとに並べた

各元素の原子量は、周期表の各マスの元素記号の下に書いてあります。

同位体の存在は、原子核（陽子・中性子）と電子から原子ができていることが判明し、明らかになりました。それまでは、周期表に元素を並べたとき原子量の順に並べてあります。化学者は、原子量について水素原子を1にした後、酸素原子を16にして求めました。酸素は他の元素と化合物をつくりやすいので、酸素を基準にして酸素と結びついた相手の元素の原子量を求めたのです。原子の内部構造がわかってからは、周期表は原子番号順に並べるようになりました。**原子番号は陽子の数**です。**原子核は陽子が多いほど中性子も多くなる傾向**があります。電子は陽子や中性子と比べると1個は約1840分の1の質量しかないので、原子の質量は陽子と中性子が担っています。

同位体の中で、中性子の数が多いものの存在比が高いと、原子量が大きくなります。そこで原子番号順に原子量が大きくならないところ（原子番号と原子量が逆転）が数カ所出ています。

化合物の場合は原子量をあてはめて式量を求める

化合物の場合は、そこに含まれる原子の原子量を使って式量（分子からできている物質は分子量）を求めます。 水素分子などの単体でも同様です。たとえば、水分子中には水素原子2個と酸素原子1個が含まれていることから、水の分子量は次のようになります。

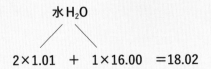

水素の原子量：1.01

酸素の原子量：16.00

水 H_2O

$2 \times 1.01 \quad + \quad 1 \times 16.00 \quad = 18.02$

モルはミクロとマクロを
つなぐ個数の単位

🧪🧪🧪 モルは1ダースのダース同様の個数の単位

原子質量単位は、日本ではほとんど扱われませんが質量の単位です。すでに学んだように1uは、陽子1個（＝中性子1個）、水素原子1個の質量です。私たちがふだん扱っている質量と比べると、あまりにも小さい量です。それでも原子・分子・イオンなどのミクロな世界では、それでいいのです。

ここでは、炭素と酸素の反応をもとにして、ミクロな世界と私たちが扱いやすいマクロな世界の量をイメージしてみましょう。炭素と酸素を一緒にして加熱すると、炭素の燃焼が始まります。炭素原子の集団にばらばらびゅんびゅん運動している酸素分子がぶつかって、二酸化炭素分子ができていきます。個数を見ると、炭素原子1個と酸素分子1個から二酸化炭素分子1個ができます。原子量や式量は、原子質量単位で、炭素原子1個…12 u、酸素分子1個…32 u、二酸化炭素分子1個…44 u です。

$$C \quad + \quad O_2 \quad \rightarrow \quad CO_2$$

（※C、O_2、CO_2の前の1は省略される）

個数	1個	1個	1個
原子質量単位で表した質量	12 u	32 u	44 u

ここでモル（単位mol）という量を考えます。モルは鉛筆1ダースのダースと同じような単位です。1ダースは12本の集まりですが、**モルは莫大な数の集まり**です。元々、この莫大な数は水素原子をその数集めると1 gに、炭素原子なら12 gに、酸素原子なら32 gに、二酸化炭素分子なら44 gにな

る個数として定められました。**モルは、1個2個…、1ダース2ダースと同様の個数の単位です。**

🧪🧪🧪 あまりにも小さく軽い原子、分子、イオンを集めた個数の単位mol

原子などをある莫大な数集めると1 molになります。1 molだと一番軽い水素原子でさえ1 gという私たちが扱える量になります。1 gは1円玉1個の質量ですね。**このような莫大な個数を表す量として、物質量（単位mol）を使うのです。1 molの物質の質量は、原子量や式量にグラム（g）の単位をつけた値**になります。個数の単位molを使えば、炭素の燃焼の量的関係は次のようになります。

$$C \quad + \quad O_2 \quad \rightarrow \quad CO_2$$

| 【個数】 | 1 mol | 1 mol | 1 mol |
| 【質量】 | 12 g | 32 g | 44 g |

この化学反応式で、C、O_2、CO_2の前に数字がありませんが、1が省略されています。 だからそれぞれが1 molなんです。炭素1 molと酸素1 molから二酸化炭素1 molができることがわかります。そのとき反応の質量もわかります。C、O_2、CO_2がそれぞれ1 molなので、原子量や式量にgをつけた質量になります。

🧪🧪🧪 1 molの莫大な個数は何個？

炭素原子12 gを炭素原子1個の質量の1.99×10^{-23} gで割ると、1 molという個数の単位がひとまとめにしている莫大な個数が求まります。水素原子1 gを水素原子1個の質量の1.67×10^{-24} gで割っても同じです。それは、6.02×10^{23}個という個数です。この数は**アボガドロ数**と呼ばれます。指数を使わないと、602000000000000000000000個です。1 molあたりの粒子の数6.02×10^{23}/molを**アボガドロ定数**といいます。私は、化学を教えると

序章 原子とは何か？

第1章 原子の組み替え

第2章 周期表ができるまでの化学の歴史

第3章 化学の道案内の地図。周期表

第4章 無機物質の世界

第5章 密度やモルなどの量と計算

第6章 酸・塩基と酸化還元

第7章 有機物の世界

きに、「**モルは "盛る"**」と言っていました。1ダースの12個と比べて、ものすごい大きな個数です。水素原子をこの個数集める（盛ると）と、水素原子が1gになるのです。青果店でよく果物や野菜が「ひと盛りいくら」で売られていますが、化学の世界では、モルの考え方で、**原子などのひと盛りをアボガドロ数にすることで原子の集団である物質を目で見ることができたり、質量を感じることができたりする量にしている**のです。

国際単位系におけるモルの定義

「1 molは、$6.02214076×10^{23}$個の要素粒子を含む物質量である。」

ここで要素粒子というのは、その物質の性質を規定している化学的な最小要素であり、原子、分子、イオン、電子その他の粒子、もしくは組成が特定されたこれら粒子の集まりです。

モルの考えで水素と酸素の反応を見る

物質の化学式を組み合わせて化学反応式をつくると、物質が原子や分子のレベルで何個と何個が反応するかなどがわかります。たとえば、水素と酸素を混ぜたものに点火すると爆発的な反応がおきて水ができます。

$2H_2 + O_2 → 2H_2O$

これは2個の水素分子と1個の酸素分子から2個の水分子ができる反応です。分子は小さすぎて、それでは私たちは実感できません。

水素分子がアボガドロ数の2倍あったとしましょう。これは水素分子2 molです。水素原子ではアボガドロ数の4倍あり、質量で4gです。反応する酸素分子はアボガドロ数だけですから1 molです。酸素原子ではアボガドロ数の2倍あり、質量で32gです。

モルの考えを使えば、原子や分子が何個反応するかから何molどうしで反応するかがわかります。何molどうしの反応かがわかると、何gどうし（あるいは何Lどうし）で反応するかがわかります。

1 molあたりの質量であるモル質量

物質1 molあたりの質量（g）を**モル質量**といいます。モル質量の単位は「g/mol」です。**/molは「1 molあたり」、g/molは「1 molあたりの質量（g）」を意味します。**

原子量、式量にg/molをつけると、原子、分子、イオンなどのモル質量になります。たとえば、炭素C（原子量12）は、12 g/mol、水H_2O（式量18）は、18 g/mol、塩化ナトリウムNaCl（式量58.5）は、58.5 g/molがそれぞれのモル質量です。物質のモル質量が、M g/molのとき、この物質w gの物質量n molは、次のようになります。

$$n \text{ mol} = \frac{w \text{ g}}{M \text{ g/mol}}$$

ある物質のモル質量（あるいは原子量、式量）と質量がわかれば、その物質の物質量がわかります。たとえば、酸素O_2のモル質量は32 g/molなので、酸素16 gは、16 g/（32 g/mol）＝0.5 molに、水H_2Oのモル質量は18 g/molなので、水90 gは90 g/（18 g/mol）＝5 molになります。

モル質量を用いる

モル質量を用いると、物質量（個数）と質量の換算が簡単にできます。

$$n \text{ mol} = \frac{w \text{ g}}{M \text{ g/mol}} \text{から、} M \text{ g/mol} \times n \text{ mol} = w \text{ g}$$

単位で考えると、モル質量g/molに物質量molをかけると、分母と分子でmolが消去されて質量になります。

g/mol × mol ＝ g

序章 原子とは何か？

第1章 原子の組み替え

第2章 周期表ができるまでの化学の歴史

第3章 化学の〝道案内〟の地図〝周期表

第4章 無機物質の世界

第5章 密度やモルなどの量と計算

第6章 酸・塩基と酸化還元

第7章 有機物の世界

図 5-4　モルの計算

【問題①】 水素3 molを十分に酸素がある中で燃焼させると、
水は何 g できるか？
原子量をH＝1.0、O＝16.0とする。

①化学反応式を書く。

　　　　水素　＋　酸素　→　　水
　　　　$2H_2$　＋　　O_2　→　$2H_2O$

②係数からそれぞれの物質量の関係がわかる。

	$2H_2$	O_2	$2H_2O$
物質量	2 mol	1 mol	2 mol

③水素と水は同じ物質量。つまり、水素3 molから水3 molができる。

④水のモル質量は、2×1.0 g/mol $+ 1 \times 16$ g/mol $= 18$ g/mol

⑤水3 molは、3 mol$\times 18$ g/mol $= 54$ g　　　……答

【問題②】水素10 gから水は何gできるか？

①物質量を質量に換算しておく。

	$2H_2$	O_2	$2H_2O$
物質量	2 mol		2 mol
質量	2×2.0 g		2×18 g

②求める水の質量を x として、比例計算をする。

　　2×2.0 g　　　2×18 g
　　　10 g　　　　　　x g
　　2×2.0 g $: 2 \times 18$ g $= 10$ g $: x$ g

内項同士をかける＝外項同士をかける
　　$2 \times 2.0\, x = 18 \times 10$
　　$x = 180 \div 2.0 = 90\,(g)$　　　……答

※慣れると、たすきがけ法で、

　　2×2.0 g　　2×18 g

　　10 g　　　　　x g

「内項同士をかける＝外項同士をかける」をすぐに式にできる。

質量パーセント濃度とppm、ppbという溶液の濃度の表し方

序章
原子とは何か？

第1章
原子の組み替え

第2章
周期表ができるまでの化学の歴史

第3章
化学の"道案内"の地図＝周期表

第4章
無機物質の世界

第5章
密度やモルなどの量と計算

第6章
酸・塩基と酸化還元

第7章
有機物の世界

質量パーセント濃度

　物質を水に溶かしたとき、その濃さ（濃度）は溶けている物質の質量によって変わってきます。そこで水溶液の濃さ（濃度）を表すのに**質量パーセント濃度**がよく用いられます。

　水溶液全体の質量を100としたとき、そこに溶けている溶質の質量の割合を表すので、**質量パーセント濃度**といいます。

$$\text{質量パーセント濃度}(\%) = \frac{\text{溶質の質量}(g)}{\text{溶液の質量}(g)} \times 100$$

$$= \frac{\text{溶質の質量}(g)}{\text{溶媒の質量}(g) + \text{溶質の質量}(g)} \times 100$$

　濃塩酸の試薬ビンのラベルに「塩化水素……35.0%」と書いてあります。これは、塩化水素という気体が質量パーセント濃度で35.0%含まれているということを表しています。たとえば、水100 gにショ糖25 gを溶かしたときの質量パーセント濃度はいくらかを計算してみましょう。ここで注意は、溶液の質量を100 gと間違えないことです。水とショ糖を合わせると溶液の質量は、100 g＋25 g＝125 gになります。

$$\frac{25 \text{ g}}{100 \text{ g} + 25 \text{ g}} \times 100 = 20 (\%)$$

図 5-5　質量パーセント濃度の求め方

【問題】　質量パーセント濃度14%のショ糖水溶液100 g に水を加えて、
　　　　質量パーセント濃度8%のショ糖水溶液にするには
　　　　水を何 g 加えればいいか?

14%のショ糖水溶液100 gに溶けているショ糖の質量をx gとする。
計算するまでもなく14 gだが、式を立てて解いて確認。

$$14(\%) = \frac{x \text{ g}}{100 \text{ g}} \times 100 \qquad x = 14(\text{g})$$

加える水の質量gをyとすると、

$$8(\%) = \frac{14 \text{ g}}{100 \text{ g} + y \text{ g}} \times 100$$

$$800 + 8y = 1400$$

$$8y = 600 \qquad y = 75(\text{g}) \cdots\cdots 答$$

微量成分の濃度

　微量成分の濃度の表示には、ppm、ppbなどの単位が用いられます。**ppm
は100万分の1のことで、1 ppmは1×10^{-4}%に相当し、溶液1 kg中に溶質
1 mgが含まれるときの濃度**です。part (s)(一部分)per(〜に対して、割
る)million(100万)の略で、100万分率を表す単位です。10%の食紅溶液
をつくって、それを1滴とってから水を9滴たらすと1%溶液になります(10
倍に薄まりました)。

　さらに10倍ずつ4回薄めると0.0001%、つまり1 ppmになります。もう肉
眼ではほとんど食紅の赤色は見えませんが、機械で検出できる限界の濃度
です。つまり、色は見えなくても食紅は1 ppm含まれていることがわかり、
濃度として表すことができるのです。

　最近は大変小さな濃度を表すことも必要になっています。ppbは10億分
の1、pptは1兆分の1になります。

質量パーセント濃度の他にモル濃度という溶液の濃度の表し方

🧪 モル濃度

モル濃度とは、溶液1 L中に含まれる溶質の物質量で表した濃度（単位記号はmol/L）です。溶液1 Lに溶質が0.1 mol溶けていれば0.1 mol/L、5 mol溶けていれば5 mol/Lになります。

$$モル濃度\,mol/L = \frac{溶質の物質量\,mol}{溶液の体積\,L}$$

1 mol/Lの水溶液100 mL中（=0.1 L）には、1 mol/L×0.1 L=0.1 molの溶質が溶けています。

図 5-6 モル濃度の計算

【問題】 2 gの水酸化ナトリウムNaOHを水に溶かして100 mLとした。水溶液のモル濃度は何 mol/L か？ NaOHの式量を40とする。

モル濃度を求めるときはいつも溶液1 Lを考える。

この溶液1 L（=1000 mL）ではNaOHは $2\,g \times \dfrac{1000\,mL}{100\,mL} = 20\,g$ 溶けている。

NaOH20 gが何 molかを求めればよいので、求める物質量をx molとすると、NaOHのモル質量は40 g/molから、

$$x = \frac{w}{M} = \frac{20\,g}{40\,g/mol} = 0.5\,mol$$

（答）0.5 mol/L

🧪🧪🧪 1.00 mol/Lの水溶液のつくり方

　1.00 mol/L塩化ナトリウム水溶液100 mLをつくるには、NaClのモル質量58.5 g/molから0.1 molの5.85 gを水に溶かして、溶液全体を100 mLにします。具体的には、物質とガラス製のビーカー、メスシリンダー、純水を用意します。正確性が必要なときは、メスフラスコを用います。正確さ（精度）が高いのは、メスフラスコ＞メスシリンダー＞ビーカーの目盛りです。

　たとえば、1.00 mol/L塩化ナトリウムNaCl水溶液100 mL（0.1 L）をつくる場合、NaClを1.00 mol/L×0.1 L＝0.100 mol用意します。NaCl 0.100 molは、NaClのモル質量が58.5 g/molから、58.5 g/mol×0.100 mol＝5.85 gです。NaCl 5.85 gを水に溶かして全体を100 mLにすると、1.00 mol/L塩化ナトリウム水溶液100 mLができます。

図 5-7　1.00 mol /L塩化ナトリウム水溶液100 mLのつくり方

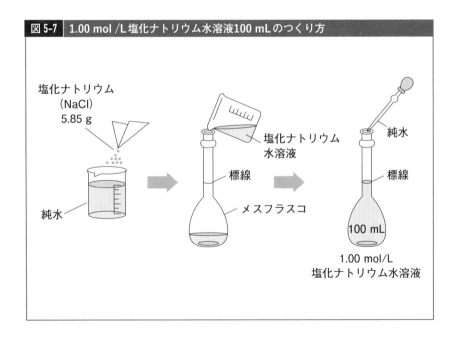

序章 原子とは何か？

第1章 原子の組み替え

第2章 周期表ができるまでの化学の歴史

第3章 化学の道案内の地図・周期表

第4章 無機物質の世界

第5章 密度やモルなどの量と計算

第6章 酸・塩基と酸化還元

第7章 有機物の世界

質量パーセント濃度をモル濃度に換算する

　溶液に関係した反応を考えるときには、質量パーセント濃度では不便です。反応する溶質の粒子数、つまり物質量がわかるモル濃度が必要です。

　質量パーセント濃度をモル濃度に換算するには、水溶液1 Lをとって考えることです。

　モル濃度 mol/ L は、水溶液1 L あたりの溶質の物質量 mol なので、水溶液1 L 中の溶質の質量 g を求めて、物質量 mol を求めます。

　質量パーセント濃度は、「**溶液中の溶質の質量の割合**」です。そのときにも、物質量 n mol、質量 w g とモル質量 M g/mol のとき、$n \text{ mol} = \dfrac{w \text{ g}}{M \text{ g/mol}}$ が活躍します。

図 5-8　モル濃度の求め方

【問題】　20%水酸化ナトリウム水溶液（密度1.2 g/cm³）のモル濃度は何mol/ L か？ NaOHの式量は40とする。

まず、水溶液1 L（＝1000 cm³）をとる。

体積cm³に密度g/cm³をかけて質量 g にする。

水溶液1 L の質量は、1000 cm³ × 1.2 g/cm³ ＝ 1200 g

その中の20%が溶質のNaOHで、1200 g × $\dfrac{20}{100}$ ＝ 240（g）

求めるNaOHの物質量を x mol とすると、

$$x = \frac{w}{M} = \frac{240\text{g}}{40 \text{ g/mol}} = 6 \text{ mol}$$

（答）6 mol/L

モル濃度で、溶液中の溶質の反応の量的関係がわかる

　モル濃度がわかっている溶液なら、あとは体積さえわかればその中に含まれる物質が何molなのかわかり、また溶液どうしの化学反応のとき、何molどうしで反応するかもわかります。

　何molどうしの反応であるかがわかれば、何gどうし（あるいは何Lどうし）で反応するかがわかります。

図5-9　モル濃度から塩化銀の沈澱の質量を求める

【問題】　0.100 mol/L 硝酸銀AgNO₃水溶液200 mLと0.300 mol/L 塩化ナトリウムNaCl水溶液100 mLを混ぜたときに生じる塩化銀AgClの沈澱の質量は何gか？ 原子量はCl＝35.5　Ag＝108とする。　（有効数字3ケタ）

この反応は、AgClだけが水に不溶で沈澱（白色）する。

　　AgNO₃ ＋ NaCl　→　AgCl ＋ NaNO₃

実際に起きるのは、Ag⁺＋ Cl⁻ → AgClという反応。

Ag⁺とCl⁻は物質量1：1で反応。少ない物質のほうが全部反応して、

その物質量と同じだけAgClができる。

Ag⁺の物質量は、0.100 mol/L × 0.200 L ＝ 0.0200 mol

Cl⁻の物質量は、0.300 mol/L × 0.100 L ＝ 0.0300 mol

Ag⁺のほうが物質量が少ないので、Ag⁺は全部反応する。Cl⁻は未反応で、

0.0300 mol － 0.0200 mol ＝ 0.0100 mol残る。

したがってAgClは0.0200 molできる。

AgClのモル質量は、143.5 g/molなので、AgClは

143.5 g/mol × 0.0200 mol ＝ 2.87 g　できる。

気体1molの体積は物質の種類にかかわりなく同じ

序章 原子とは何か？

第1章 原子の組み替え

第2章 周期表ができるまでの化学の歴史

第3章 化学の道案内・地図・周期表

第4章 無機物質の世界

第5章 密度やモルなどの量と計算

第6章 酸・塩基と酸化還元

第7章 有機物の世界

🧪🧪🧪 アボガドロの法則

　気体は、ある温度や圧力のもとである体積をとっていても、温度や圧力が変わると体積が変わってしまいます。そこで、同じ条件（同温・同圧）のもとで体積を考えます。

　同温・同圧の同じ体積中に存在する気体分子の数は、気体の種類に関係なく同じであることがわかっています。「**同温・同圧で、同じ体積の気体は、同数の分子を含んでいる**」ことをアボガドロの法則といいます。

　たとえば、0℃、1013 hPa（1 atm）では、気体1 molの体積は気体の種類に関係なく22.4 Lになります。0℃、1013 hPaの気体の体積がわかっているとき、その気体の物質量は、次になります。

$$物質量mol = \frac{気体の体積L}{22.4\ L/mol}$$

水素のような軽い気体も、水素の16倍の式量をもつ酸素も、1 mol集まると22.4 Lになります。水素 H_2 の1 molは2 g、酸素 O_2 の1 molは32 gと、その気体分子の式量にgをつけた質量になります。

図 5-10	1molの水素分子、酸素分子

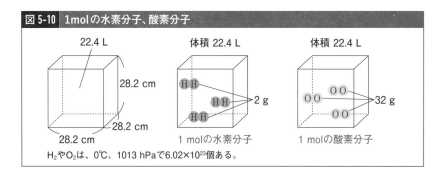

H_2 や O_2 は、0℃、1013 hPaで $6.02×10^{23}$ 個ある。

図 5-11 プロパンの燃焼　計算問題

【問題】　プロパンC_3H_8 が燃焼すると二酸化炭素と水を生じる。
ただし 、原子量を C＝12　O＝16　H＝1.0 とする。

(1)この反応の化学反応式を記せ。
(2)プロパン11 gが燃焼するとき、生じる水は何gか?
(3)0℃、1013 hPa（＝1 atm）で1.0Lのプロパンが燃焼するとき、
　必要な酸素の体積は何Lか? また、空気なら何L必要か?
　ただし、空気中には体積で20%の酸素が含まれているものとする。

(1)化学反応式は次のようになる。

$$C_3H_8 + 5O_2 \rightarrow 3CO_2 + 4H_2O$$

(2)はプロパン、水が質量なので、化学反応式の係数から、物質量の関係を
プロパン、水の化学式の下に書いて、それを質量に直しておく。
さらにその下に問題の質量を入れる。生じる水の質量をx gとする。

	C_3H_8	+	$5O_2$	→	$3CO_2$	+	$4H_2O$
	1 mol						4 mol
質量	1×44 g						4×18 g
問題の質量	11 g						x g

比例式あるいはたすきがけで、$1 \times 44\, x = 4 \times 18 \times 11$
$$x = 18(g)$$

(3)は、プロパン、酸素が体積なので、化学反応式の係数から物質量の関係を
プロパン、酸素の化学式の下に書く。その物質量は体積の関係でもある。さらに
その下に問題の体積を入れる。必要な酸素の体積をy Lとする。

	C_3H_8	+	$5O_2$	→	$3CO_2$	+	$4H_2O$
	1 mol		5 mol		3 mol		4 mol
体積	1		5				
問題の体積	1.0 L		y L				

比例式あるいはたすきがけで、$1 \times y = 5 \times 1.0$
$$y = 5.0(L)$$

空気中に酸素が体積比で20%なら、空気はその5倍あれば、その酸素が
含まれるので、空気25 L。式は、$5.0 \text{ L} \times \dfrac{100}{20} = 25 \text{ L}$

ボイル・シャルルの法則から気体の分子運動と絶対温度がわかる!

🧪🧪🧪 気体の分子はばらばらびゅんびゅん

個々の気体の分子に着目して気体をミクロに扱う考え方を**分子運動論**といいます。気体では多数の分子がばらばらびゅんびゅんと飛びまわっています。分子の速度は、気体の温度が高いほど大きくなります。すなわち、**温度が高いと分子の運動エネルギーが平均的に高くなり、温度が低いと平均的に低くなります**。"平均的"としたのは、ある温度の気体の分子には速いものもあるし、遅いものもあるからです。また温度によって、それぞれの速度における分子の数の分布が違います。**温度が高いほうが低いときより、速い分子が多くなります**。このような分布の平均を考えます。

🧪🧪🧪 気体の圧力の原因は気体の分子運動

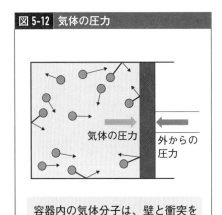

図 5-12 気体の圧力

気体の圧力

外からの圧力

容器内の気体分子は、壁と衝突をくり返し、壁に圧力を加える。

運動している気体分子が容器の壁にぶつかれば、壁に力を加えます。このとき単位面積（1 m²）にはたらく力が圧力です。圧力は、**パスカル（記号 Pa）**という単位で表されます。

序章　原子とは何か？

第1章　原子の組み替え

第2章　周期表ができるまでの化学の歴史

第3章　化学の“道案内”の地図“周期表

第4章　無機物質の世界

第5章　密度やモルなどの量と計算

第6章　酸・塩基と酸化還元

第7章　有機物の世界

1 Paは、1 m²の面積に1Nの力がはたらいたときの圧力です。つまり、1 Pa＝1 N/m²です。天気予報などの大気圧の数字は大きくなるので、一般的にヘクトパスカル（記号hPa[1 hPa＝100 Pa]）で表します。

▐▐▐ ボイルの法則

気体の圧力と体積の間には、「**温度が一定のとき、気体の体積 V は圧力 P に反比例する**」という関係があります。これを**ボイルの法則**といいます。この関係は、$PV = k$（k は一定）と表されます。

気体を膨張させて体積を2倍にすると、単位体積に含まれる気体分子の数は半分になり、容器の壁への分子の衝突回数も半減します。したがって、温度一定の条件では気体の圧力も半分になります。

周りから圧力を加える（前ページの図の外からの圧力）と体積が小さくなります。単位体積あたりの気体分子の数は多くなるので、壁と衝突する分子の数が増える、つまり**体積が小さくなると圧力が大きくなります**。

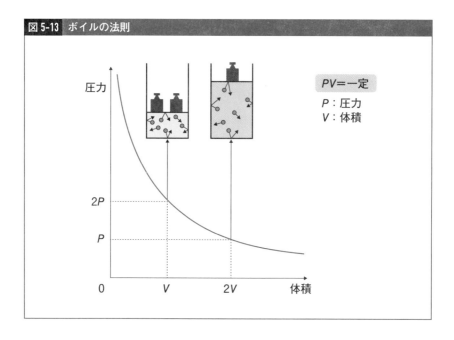

図 5-13 ボイルの法則

序章
原子とは何か？

第1章
原子の組み替え

第2章
周期表ができるまでの化学の歴史

第3章
化学の道案内の地図・周期表

第4章
無機物質の世界

第5章
密度やモルなどの量と計算

第6章
酸・塩基と酸化還元

第7章
有機物の世界

🧪🧪🧪 シャルルの法則

気体の体積と温度の間には、「**圧力が一定のとき、気体の体積Vは、温度t℃が1度上がるごとに、0℃のときの体積V_0の1/273ずつ増加する**」という関係があります。これをシャルルの法則といいます。

温度が高くなると気体分子の熱運動の速さが増え、気体分子の壁への衝突による圧力が大きくなります。 まわりからの圧力が同じままなら容器の気体の体積が増えます。

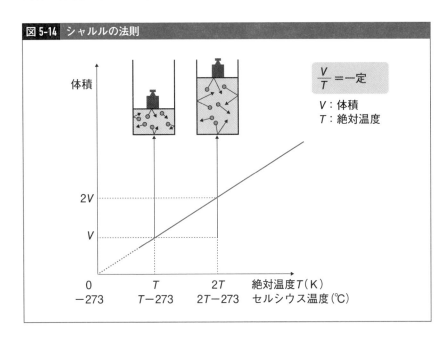

図 5-14　シャルルの法則

🧪🧪🧪 シャルルの法則で極限を考えると…

もし、シャルルの法則がどの温度でも成り立つとします。そうすると、温度を下げていったとき、それにつれて体積が減っていきます。そして、$T = -273$℃では、$V = 0$となります。体積は負になることはありませんから、**-273℃以下の温度はないということになります。**

イギリスのケルビン卿は、−273℃を最も低い温度と考え、**絶対零度**としました。この温度を基準とし、温度間隔はセ氏温度に等しい温度目盛で表した温度を**絶対温度**といいます。

絶対温度は単位記号**K**（ケルビンと読む）を用いて表します。気体の体積が一定の場合は、絶対零度で圧力が0となります。つまり、分子が器壁を押すような熱運動は停止します。したがって、物質はこれより低い温度を示しません。絶対温度を用いると図のグラフは原点を通るので、この法則は、「**圧力一定のとき、気体の体積 V は、絶対温度 T に比例する**」とも表現できます。絶対温度を T とすると、これは、$V = k'T$ または $V/T = k'$（k' は一定）と表されます。

絶対温度 T とセルシウス温度 t の間には、$T = t + 273$ の関係があります。なお、極低温領域では、超伝導、超流動などの、ふつうの温度では観測することのできない特異な現象をみることができます。

温度のミクロなイメージ

物質は原子、分子、イオンからできています。これらの粒子は温度や熱を考えるときは同じなので、分子からできているとしましょう。

分子は、みな常に激しく乱雑な運動をしています。この運動を熱運動といいます。**固体ではブルブル震える振動**という運動をしています。

温度とは、ミクロな世界では、分子の運動の激しさの度合いです。運動が激しければ高温、おとなしければ低温ということです。

温度が下がるということは、分子の運動がどんどんゆるやかになるということです。最後には、分子の運動が止まります。

分子の運動が止まったときの温度が−273.15℃で、これより低い温度はありません。

温度の上のほうはどうでしょうか。分子がどんどん運動していけば、温度は上がります。何万度、何億度、何兆度という温度があり得ます（そのとき分子は壊れて**プラズマ**という状態になっています）。

ボイルの法則とシャルルの法則を組み合わせる

一定温度のもとで、一定質量の気体の体積Vは圧力Pに反比例することをボイルの法則といいます。

圧力をP_1からP_2に変化させて、体積がV_1からV_2に変化したとすると、次式が成立します。

$$P_1 V_1 = P_2 V_2 = 一定$$

圧力と質量が一定のとき、気体の絶対温度Tは体積Vに比例することをシャルルの法則といいます。

温度をT_1からT_2に変化させて、体積がV_1からV_2に変化したとすると、次式が成立します。

$$\frac{V_1}{T_1} = \frac{V_2}{T_2} = 一定$$

ボイルの法則とシャルルの法則を組み合わせた**ボイル・シャルルの法則**が成り立ちます。「**質量が一定のとき、気体の体積Vは、絶対温度Tに比例し、圧力Pに反比例する**」ことがボイル・シャルルの法則です。

$$\frac{PV}{T} = 一定$$

温度をT_1からT_2に、圧力をP_1からP_2に、体積がV_1からV_2に変化したとすると、次のようになります。

$$\frac{P_1 V_1}{T_1} = \frac{P_2 V_2}{T_2} = 一定$$

序章 原子とは何か？

第1章 原子の組み替え

第2章 周期表ができるまでの化学の歴史

第3章 化学の"道案内"の地図＂周期表

第4章 無機物質の世界

第5章 密度やモルなどの量と計算

第6章 酸・塩基と酸化還元

第7章 有機物の世界

ボイル・シャルルの法則を使うときは、**温度*T*は必ず絶対温度を用いる**こと、また左辺と右辺で圧力と体積の単位を同じものにします。

▮▮▮ ボイル・シャルルの法則から気体の状態方程式へ

　気体の物質量1 molをとります。**これは気体の式量（分子量）に単位gをつけた質量であり、0℃、1013 hPa（＝1 atm）で22.4 Lの体積になります**。気体の物質量1 molのときに、次の一定値を気体定数*R*とします。

$$\frac{PV}{T} = 一定 = R \qquad つまり、PV = RT$$

　物質量をn molとすると、1 molのときの*n*倍の体積になるので、

$PV = nRT$が成り立ちます。これを**気体の状態方程式**といいます。

▮▮▮ 気体定数

　273K（＝0℃）、1013 hPaのとき、気体の体積は22.4 L/molです（1 hPa ＝100 Pa）。これを気体の物質量1 molのときの気体定数*R*の式に代入して計算します。

$$R = \frac{PV}{T} = \frac{1013\ hPa \times 22.4\ L/mol}{273\ K} = 83\ hPa・L/(mol・K)$$
$$= 8.3 \times 10^3\ Pa・L/(mol・K)$$

▮▮▮ 気体の状態方程式から気体の式量（分子量）が求められる

　気体のモル質量を、*M* g/molとすれば、この気体*w* gの物質量*n* molは、$n = \frac{w}{M}$。これを、気体の状態方程式に代入すると、$PV = \frac{wRT}{M}$。よって、

$$M = \frac{wRT}{PV}$$

　この式によって、**ある温度、圧力における気体の体積と質量を測定すれば、分子量*M*を求められます**。

序章
原子とは何か？

第1章
原子の組み替え

第2章
までの化学の歴史
周期表ができる

第3章
地図、周期表
化学の道案内の

第4章
無機物質の世界

第5章
密度やモルなどの
量と計算

第6章
酸化還元
酸・塩基と

第7章
有機物の世界

図 5-15　気体の状態方程式を用いる

【問題】　27℃、3.0 × 10⁵ Paで、415 mLを占める酸素は何gか？
ただし、酸素の原子量を16、気体定数を
R = 8.3 × 10³ Pa・L／(K・mol)とする。

　まず、気体の状態方程式で物質量 n を求める。そのときに、気体定数の単位に注意する。圧力はPa、体積はL。また温度は必ず絶対温度にする。温度27℃→300K　体積415 mL→0.415 L。

$$n = \frac{PV}{RT} = \frac{3.0 \times 10^5 \text{ Pa} \times 0.415 \text{ L}}{8.3 \times 10^3 \text{ Pa}\cdot\text{L}/(\text{K}\cdot\text{mol})\times 300 \text{ K}}$$

$$= 5.0 \times 10^{-2} \text{ mol}$$

　これは有効数字が2桁ということを意識しての物質量の値。酸素O_2のモル質量は32 g/molなので、

$$32 \text{ g/mol} \times 5.0 \times 10^{-2} \text{ mol} = 1.6 \text{ g}$$

　気体の状態方程式と合わせて、この式を覚えるよりも、気体の状態方程式から物質量n molを求め、それから$n = w/M$でMを求めたほうがいいと思います。

　なお、この式には気体の密度d g/Lが潜んでいるのがわかるでしょうか。気体は同じ物質の液体や固体と比べて体積が約1000倍になるので、一般に1 cm³あたりの質量gではなく1 L（1000 cm³）あたりの質量gの数値を使うので、単位をg/Lにしています。

$M = \dfrac{wRT}{PV}$のw/Vが密度なので、この式は、$d = w/V$にして、次のようになります。

$$M = \frac{dRT}{P}$$

気体の密度を求めるなら、式は$PV = nRT$と$n = w/M$を覚えて必要に応じて$M = wRT/PV = dRT/P$を導いて用いるといいでしょう。

図 5-16 気体の分子量の求め方

【問題】 ある気体10 gは、27℃、1.0 × 10⁵ Paで、8.3 Lの体積を
占める。この気体の分子量はいくらか。気体定数を
$R = 8.3 \times 10^3$ Pa・L/(K・mol)とする。 （有効数字2桁）

分子量Mが含まれている式を使ってもよいが、使いやすいのは
$PV=nRT$。この式で物質量nを求めた後、$n=w/M$からMを求める。

$$n = \frac{PV}{RT} = \frac{1.0 \times 10^5 \text{ Pa} \times 8.3 \text{ L}}{8.3 \times 10^3 \text{ Pa} \cdot \text{L}/(\text{K} \cdot \text{mol}) \times 300 \text{ K}}$$

$$= 0.33 \text{ mol}$$

$$n = \frac{w}{M} \text{ から}$$

$$M = \frac{w}{n} = \frac{10 \text{ g}}{0.33 \text{ mol}} = 30 \text{(g/mol)}$$

【気体の密度を含んだ問題】
27℃、1.0 × 10⁵ Paで、密度が2.0 g/Lの気体の分子量はいくらか？
気体定数を$R = 8.3 \times 10^3$ Pa・L/(K・mol)とする。 （有効数字2桁）

気体の状態方程式から$M=wRT/PV=dRT/P$を導いて、その式に数値を
代入してもいいが、ここでは、覚えることを最小限にしたいので、
まず物質量nを求めてから分子量を求める方法で解いてみる。
密度2.0 g/Lは、1 Lがあれば2.0 gということ。そこで、27℃、1.0 × 10⁵ Pa、
1 Lの物質量を求める。

$$n = \frac{PV}{RT} = \frac{1.0 \times 10^5 \text{ Pa} \times 1 \text{ L}}{8.3 \times 10^3 \text{ Pa} \cdot \text{L}/(\text{K} \cdot \text{mol}) \times 300 \text{ K}}$$

$$= 0.040 \text{ mol}$$

$$M = \frac{w}{n} = \frac{2.0 \text{ g}}{0.040 \text{ mol}} = 50 \text{(g/mol)}$$

理想気体と実際の気体を区別して考える

序章 原子とは何か？

第1章 原子の組み替え

第2章 周期表ができるまでの化学の歴史

第3章 化学の〝道案内〟の地図〝周期表〟

第4章 無機物質の世界

第5章 密度やモルなどの量と計算

第6章 酸・塩基と酸化還元

第7章 有機物の世界

🧪🧪🧪 理想気体と実在気体

アボガドロの法則は、「どんな気体でも同温・同圧では同じ体積に同数の分子を含む。たとえば、0℃、1.013×10^5 Pa（＝1013 hPa）で、1 molの気体はみな22.4 Lを占める。」という内容でした。また、ボイル・シャルルの法則も、気体の種類を問わずに成り立つとお話ししました。気体の状態方程式もボイル・シャルルの法則から導かれています。

シャルルの法則によると、気体の体積は、気体の種類に関係なく、圧力一定のもとで、温度1℃の上下にしたがって、0℃のときの体積の1/273ずつ増加あるいは減少します。そうすると、気体は、絶対温度0K（＝-273℃）まで気体のままのはずです。

ところが、たとえば空気は-183～-196℃くらいになるとまず酸素が液体になり、次に窒素が液体になるので、急激に体積が小さくなり、気体の状態方程式が成立しなくなります。要は、実際の気体ではボイル・シャルルの法則などが成り立たなくなるということです。

そこで、ボイル・シャルルの法則などが成り立つ気体を**理想気体**、実際の気体を**実在気体**として区別して考えることになりました。

ボイル・シャルルの法則、気体の状態方程式が成り立つ理想気体は、①**気体の体積に比べて個々の分子の体積が無視できる、②分子間力が無視できる**、という気体です。

幸いなことに、常温常圧付近で、実在の気体でも、分子間力が無視できるほど熱運動が激しく、分子自身の体積が無視できるほど気体が占める空間の体積が大きい、つまり圧力が小さいので理想気体とみなせるのです。

実在の気体は、この2つの条件が無視できないので、圧力と体積に多少の補正が必要になります。実在の気体は、分子がまばらに存在すれば、①や②の条件に合うので、**「圧力が小さい」「温度が高い」ときには、理想気体に近づきます。**

　これは、**実在気体では、温度が極端に低くなると、分子間力が気体分子の熱運動に比べ無視できなくなって、分子が互いに引き合い、体積がより小さくなろうとする**からです。温度が極端に低くなくても、温度が低いほど理想気体の性質からずれてくることが予想されます。

　同じことが気体の圧力についてもいえます。気体の圧力を高くしていくと、ボイルの法則に従って体積が小さくなります。気体分子間の距離がどんどん小さくなり、また、気体分子自身の体積の、気体が占めている体積の中での割合が次第に大きくなってきます。このためこの気体の性質は理想気体の示すべき性質からだんだんずれてきます。

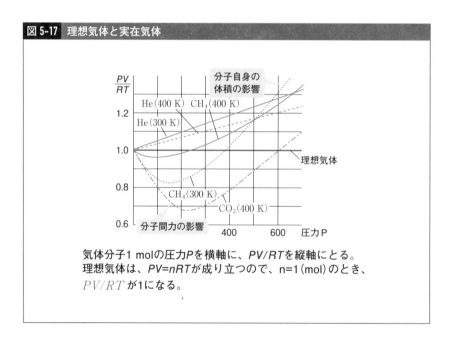

図 5-17 理想気体と実在気体

気体分子1 molの圧力Pを横軸に、PV/RTを縦軸にとる。
理想気体は、PV=nRTが成り立つので、n=1 (mol)のとき、
PV/RT が1になる。

第6章

酸・塩基と酸化還元

第6章のあらすじ

　第6章では、**酸**と**塩基**、**酸化還元**を中心にお話しします。

　中学理科では、リトマス紙に水溶液をつけたときに青色から赤色に変わるのが酸性、赤色から青色に変わるのがアルカリ性と学びます。酸は水溶液中で水素イオンを与える物質、アルカリは水に溶けて水酸化物イオンを与える物質です。

　この内容について、高校化学では**アレニウスの定義**を学びます。アレニウスは、酸は水に溶けて水素イオンH^+を出す物質、塩基は水に溶けて水酸化物イオンOH^-を出す物質と定義しました。

　酸化還元については、中学理科では、ある物質が酸素と結びつく化学変化を**酸化**、酸化物が酸素を失う化学変化を**還元**と学びます。

　酸素のやりとりで酸化還元を定義した中学理科と違い、高校化学では、原子が電子を放出することを酸化、原子が電子を受けとることを還元、と電子のやりとりで定義します。また、酸化と還元が対になって同時に起こっている反応を**酸化還元反応**といいます。

　酸化還元を酸素ではなく、電子のやりとりから定義することで、あてはまる範囲が一気に広くなります。

アレニウスの定義

- 酸は、水に溶けて水素イオン H⁺ を出す物質
- 塩基は、水に溶けて水酸化物イオン OH⁻ を出す物質

中和

中和とは、塩酸と水酸化ナトリウムの反応のように、酸と塩基が反応して、互いに その性質を打ち消し合うこと

酸化還元

- 酸化とは、ある物質が酸素と結びつく化学変化
- 還元とは、酸化物が酸素を失う化学変化

電池

- 「負極活物質」「正極活物質」
- 「ダニエル電池」「一次電池と二次電池」「鉛蓄電池」

電気分解

溶融塩電解

無水の化合物を高温にして、溶融状態で電気分解することで、イオン化傾向の大きい金属を得る方法

高校化学の範囲では ほぼアレニウスの定義

 中学理科で学んだ酸・アルカリ、酸性・アルカリ性

　食酢や塩酸はすっぱい味をもち、青色リトマスを赤色に変え、亜鉛や鉄などの金属を加えると、金属をとかし水素ガスを発生させます。このような性質を酸性といいます。化合物のうち、その水溶液が酸性を示すものが酸です。**酸とは水溶液中で水素イオンを与える物質**です。

　水酸化ナトリウム水溶液のように、「酸と反応して酸性を失わせる」「赤色リトマス紙を青色に変える」性質を**アルカリ性**といい、溶けている物質を**アルカリ**といいます。**アルカリは水にとけて水酸化物イオンを与えます。**酸とアルカリを反応させると、お互いの性質を打ち消し合う**中和**という化学反応が起こります。**中和は酸の水素イオンとアルカリの水酸化物イオンが結びついて水ができる反応**です。一方、水の他に酸の陰イオンとアルカリの陽イオンとが結びついてできる物質を塩といいます。

　ここまでは中学理科の範囲です。高校化学では、酸と塩基のアレニウスの定義を学びます。それは、**「酸とは水に溶けて水素イオンを生じる物質」「塩基とは水に溶けて水酸化物イオンを生じる物質」**という定義です。アルカリは「塩基のうち、水によく溶けるもの（NaOH、KOH、Ba(OH)$_2$など）」としてOKです。

酸と塩基のアレニウスの定義

　1887年、**アレニウス**は酸を**「水に溶けて水素イオンH$^+$を出す物質」**と定義しました。

序章 原子とは何か？

第1章 原子の組み替え

第2章 周期表ができるまでの化学の歴史

第3章 化学の“道案内”の地図＝周期表

第4章 無機物質の世界

第5章 密度やモルなどの量と計算

第6章 酸・塩基と酸化還元

第7章 有機物の世界

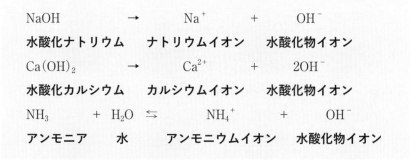

HCl	→	H$^+$	+	Cl$^-$
塩化水素		水素イオン		塩化物イオン
H$_2$SO$_4$	→	2H$^+$	+	SO$_4^{2-}$
硫酸		水素イオン		硫酸イオン
CH$_3$COOH	⇆	H$^+$	+	CH$_3$COO$^-$
酢酸		水素イオン		酢酸イオン

※→は、左辺のすべてが右辺になること、⇄は左辺の一部が右辺になることを示す。

アレニウスは塩基を「水に溶けて水酸化物イオンOH$^-$を出す物質」と定義しました。アンモニアは水と反応して水酸化物イオンを出すので塩基です。なお、「⇆」は、左辺から右辺の反応と右辺から左辺への反応の両方が起こる反応（可逆反応）を表しています。

NaOH	→	Na$^+$	+	OH$^-$
水酸化ナトリウム		ナトリウムイオン		水酸化物イオン
Ca(OH)$_2$	→	Ca^{2+}	+	2OH$^-$
水酸化カルシウム		カルシウムイオン		水酸化物イオン
NH$_3$	+ H$_2$O ⇆	NH$_4^+$	+	OH$^-$
アンモニア	水	アンモニウムイオン		水酸化物イオン

酸の価数、塩基の価数

酸1分子から放出できるH$^+$の数を酸の価数といい、塩化水素や酢酸は1価の酸です。硫酸1分子は、H$^+$を2個放出できるので2価の酸です。塩基については、化学式の中で、電離してOH$^-$となることができるOHの数を塩基の価数といいます。水酸化ナトリウムは1価の塩基です。水酸化カルシウムはOH$^-$となることができるOHが2個なので2価の塩基です。アンモニア分子は、水と反応してOH$^-$を1個放出するので、1価の塩基とします。

酸、塩基の価数は中和の量的関係を考えるときに必要です。

水中に水素イオンH⁺は存在しない

 塩化水素の水素と塩素の結合は共有結合?イオン結合?

　非金属元素の原子同士が結びつくのは共有結合なので、水素原子と塩素原子が結びつく塩化水素は、共有結合になります。一方、塩化水素が水に溶けて、HCl → H⁺ ＋ Cl⁻と電離するのはイオン結合したNaClの、NaCl → Na⁺ ＋ Cl⁻とよく似た形の電離です。では、塩化水素の水素と塩素の結合は共有結合とイオン結合のどちらなのでしょうか？

水素イオンH⁺とはどんな粒子?

　水素イオンH⁺は、水素原子の中のただ1つの電子を失ってできたイオンです。これは、陽子1個、つまり水素の原子核そのものです。水素原子の大きさと比べると裸の陽子は＋電荷をもつただの点に過ぎません。水素原子と比べたら陽子の体積は0と考えてもいいくらいです。

　陽子のごく小さな表面積に＋電荷が分布しています。単位面積あたり巨大な電気量をもっているのです。**水分子は極性分子で中心の酸素原子は－の電荷をもっています**。ですから水素イオンH⁺は、水中だと近くの水分子H₂Oを引きつけて強くくっついてしまいます。そしてH⁺ ＋ H₂Oで、オキソニウムイオンH₃O⁺になります。じつは、HCl → H⁺ ＋ Cl⁻は、簡略化した式で、本当の様子を示していないのです。本当は、次のようになります。

$$HCl \quad + H_2O \rightarrow \quad H_3O^+ \quad + \quad Cl^-$$

塩化水素　　　水　　オキソニウムイオン　　塩化物イオン

序章 原子とは何か？

第1章 原子の組み替え

第2章 周期表ができるまでの化学の歴史

第3章 化学の道案内の地図。周期表

第4章 無機物質の世界

第5章 密度やモルなどの量と計算

第6章 酸・塩基と酸化還元

第7章 有機物の世界

図 6-1 水素イオンはただの点

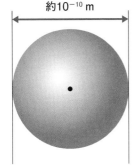

約 10^{-10} m

水素原子の大きさ

電子をとってしまうと…

直径は約 10^{-15} m ほど

e^-

H^+ は、ただの陽子で大きさはほぼゼロ

※原子の大きさをサッカー場とすると、その中心にあるビー玉程度の大きさが原子核の大きさ。

硫酸も酢酸も、本当は次のようになります。

$$H_2SO_4 \quad + 2H_2O \rightarrow 2H_3O^+ + SO_4^{2-}$$
$$CH_3COOH + H_2O \leftrightarrows H_3O^+ + CH_3COO^-$$

pHや中和などの反応を考えるとき、本当はオキソニウムイオン濃度 $[H_3O^+]$ やオキソニウムイオン H_3O^+ を、簡略化して水素イオン濃度 $[H^+]$ や水素イオン H^+ にしています。それでも計算結果などが変わらないからです。なお、**$[H_3O^+]$ や $[H^+]$ のように化学式を [ ] で囲むときは、一般にその物質のモル濃度を表します**。塩化水素の水素原子－塩素原子は共有結合で、塩化水素分子です。水と反応して初めて陽イオンと陰イオンに分かれるのです。

もしも、HとClが H^+ と Cl^- のイオン結合なら、クーロン力（＋電気と－電気の静電気的な力）で強く結びつくので、塩化水素はふつうの温度で気体ではなく、イオン結晶のはずです。しかし、塩化水素は気体なので、HとClの結合はイオン結合ではありません。

温度が一定なら、水のイオン積は一定の値

 水の電離とイオン積

ごくわずかですが、水は次のように電離しています。

$H_2O \leftrightarrows H^+ + OH^-$

もちろん、本当は次のようになります。

$2H_2O \leftrightarrows H_3O^+ + OH^-$

純粋な水では、H^+とOH^-のモル濃度 $[H^+]$ と $[OH^-]$ は等しく、25℃ではともに10^{-7}mol/Lです。

温度が一定ならば、水のイオン積 $[H^+] \times [OH^-]$ は一定の値になります。25℃で10^{-14} $(mol/L)^2$です。水に酸や塩基が溶けていても、水のイオン積の値は変わりません。

 水溶液の酸性、塩基性の強さの表し方

水に酸を溶かすと、$[H^+]$ が10^{-7} mol/Lよりも増加し、水溶液は酸性になります。

反対に、水に塩基を溶かすと、$[OH^-]$ が10^{-7} mol/Lよりも増加し、水溶液は塩基性になります。そのとき、$[H^+]$ は10^{-7} mol/Lよりも減少します。

$[H^+] \times [OH^-] = 10^{-14}$ $(mol/L)^2$なら、水溶液の酸性、塩基性の強さは、$[H^+]$ と $[OH^-]$ のどちらかで表すことができます。一方が決まれば、もう一方（他方）も決まるからです。

そこで、酸性・塩基性を水素イオン濃度 $[H^+]$ で表すことにします。水溶液の性質と $[H^+]$、$[OH^-]$ の関係は次のようになります。

酸性　　[H$^+$] ＞1.0×10^{-7} mol/L ＞ [OH$^-$]

中性　　[H$^+$] ＝1.0×10^{-7} mol/L ＝ [OH$^-$]

塩基性　[H$^+$] ＜1.0×10^{-7} mol/L ＜ [OH$^-$]

酸・塩基の水素イオン濃度は、非常に広い範囲で変化するので、その値を10の指数の符号を逆にした数xで表すと便利です。

[H$^+$] ＝10^{-x} 〔mol/L〕

xの値を**pH（水素イオン指数）**といいます。たとえば、次のようになります。

[H$^+$] ＝10^{-12} mol/Lのとき、pH＝12

[H$^+$] ＝10^{-3} mol/Lのとき、pH＝3

水素イオン濃度が10倍になるとpHは1 小さくなります。純粋な水は中性であり、pH＝7です。酸性の水溶液ではpHは7よりも小さく、塩基性の水溶液ではpHは7よりも大きいです。pHは、対数を使うと、

pH＝－log [H$^+$] と表されます。

図6-2　いろいろな物質のpH

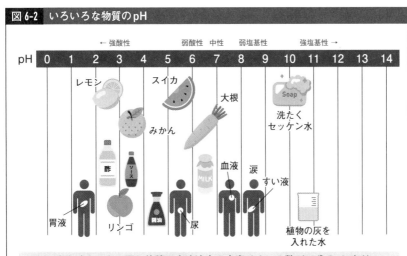

pHが1大きくなると、同じ体積の水溶液中の水素イオンの数が10分の1になり、1小さくなると10倍になる。たとえば、pH3は、中性のpH7より10×10×10×10倍、つまり水素イオンの数が1万倍多い。

序章　原子とは何か？

第1章　原子の組み替え

第2章　周期表ができるまでの化学の歴史

第3章　化学の道案内の地図・周期表

第4章　無機物質の世界

第5章　密度やモルなどの量と計算

第6章　酸・塩基と酸化還元

第7章　有機物の世界

酸と塩基の強弱

　水溶液中でほぼ完全に電離している酸と塩基を強酸、強塩基といいます。**電離の程度は電離度 α で表され、$0 < \alpha \leqq 1$ の値になります。完全に電離していれば電離度1**です。

強酸　…塩酸 HCl　硫酸 H_2SO_4　硝酸 HNO_3

強塩基…水酸化ナトリウム $NaOH$　水酸化カリウム KOH

　弱酸は、酢酸 CH_3COOH、シュウ酸 $(COOH)_2$ など、弱塩基はアンモニア NH_3 と強塩基以外の金属元素の水酸化物です。

　弱酸、弱塩基は水に溶かすと一部分だけ電離します。

$$電離度 = \frac{電離した分子の物質量\,mol}{溶けている分子の物質量\,mol}$$

　酸の $[H^+]$ は、次のようになります。

　$[H^+]$ ＝酸の価数×酸のモル濃度 mol/L ×電離度

　溶けている1価の酸 $1\,mol$ のうち $0.017\,mol$ が電離している場合、電離度＝0.017です。

図 6-3　pH の求め方

> 【問題】　電離度1のモル濃度0.1 mol/L 塩酸と電離度0.01のモル濃度0.1 mol/L 酢酸のそれぞれのpHはいくらになるか？

塩酸は1価の酸で電離度1（完全に電離）なので、

	HCl	→	H^+	＋	Cl^-
はじめ	0.1 mol/L		0		0
電離後	0		0.1 mol/L		0.1 mol/L

塩酸1 L中には、0.1 mol/L×1L＝0.1 molのH⁺が含まれている。
　　⇒　$[H^+] = 10^{-1}\,mol/L \Rightarrow pH = 1$

酢酸は1価の酸で電離度0.01なので、0.1 molのうち0.1×0.01＝0.001 mol/Lが電離している。

	CH_3COOH	⇄	H^+	＋	CH_3COO^-
はじめ	0.1 mol/L		0		0
電離後	(0.1−0.001) mol/L		0.1 × 0.01 mol/L		0.1 × 0.01 mol/L

酢酸1 L中には、0.1×0.01 mol/L×1 L＝0.001 molのH⁺が含まれている
　　⇒　$[H^+] = 0.001\,mol/L = 10^{-3}\,mol/L \Rightarrow pH = 3$

塩の水溶液の性質

塩化ナトリウム NaCl の水溶液は中性ですが、酢酸ナトリウム CH_3COONa の水溶液は塩基性を示し、塩化アンモニウム NH_4Cl の水溶液は酸性を示します。一般に、塩の水溶液の性質は次のようになります。

　強酸＋強塩基→塩の水溶液は中性

　弱酸＋強塩基→塩の水溶液は塩基性

　強酸＋弱塩基→塩の水溶液は酸性

酢酸ナトリウム水溶液が塩基性を示すわけ

弱酸と強塩基、強酸と弱塩基の塩の水溶液がそれぞれ塩基性や酸性を示すのは、塩の一部が水と反応して、OH^- や H_3O^+ を生じるからです。この現象を塩の加水分解といいます。酢酸ナトリウム CH_3COONa は、水溶液中で酢酸イオンとナトリウムイオンに電離します。

$$CH_3COONa \rightarrow CH_3COO^- + Na^+$$

ここで重要なのは、**酢酸イオン CH_3COO^- は水と反応して酢酸と水酸化物イオンになり、塩基性になること**です。ナトリウムイオンは水と反応しないためそのままです。

$$CH_3COO^- + H_2O \leftrightarrows CH_3COOH + OH^-$$

陰イオンには、水と反応するイオン、しないイオンがあります。反応するのは、酢酸イオン、炭酸イオン CO_3^{2-}、炭酸水素イオン HCO_3^- など弱酸の電離で生じる陰イオンです。しないのは、塩化物イオン Cl^-、硫酸イオン SO_4^{2-}、硝酸イオン NO_3^- など強酸の電離で生じる陰イオンです。

塩化アンモニウムが酸性を示すわけ

$$NH_4Cl \rightarrow NH_4^+ + Cl^-$$
$$NH_4^+ + H_2O \leftrightarrows NH_3 + H_3O^+$$

アンモニウムイオンが水と反応して H_3O^+ を生じるので酸性を示します。

序章　原子とは何か？

第1章　原子の組み替え

第2章　周期表ができるまでの化学の歴史

第3章　化学の道案内の地図。周期表

第4章　無機物質の世界

第5章　密度やモルなどの量と計算

第6章　酸・塩基と酸化還元

第7章　有機物の世界

酸と塩基の中和では塩と水ができる

 塩酸と水酸化ナトリウム水溶液の中和

　塩酸と水酸化ナトリウムの反応のように、酸と塩基が反応して、互いにその性質を打ち消し合うことを中和といいます。

　$HCl + NaOH \rightarrow NaCl + H_2O$

　HClもNaOHも水溶液中では完全に電離している（陽イオンと陰イオンにばらばらになっている）ので上の式は次のように書けます。

　$H^+ + Cl^- + Na^+ + OH^- \rightarrow Na^+ + Cl^- + H_2O$

　Na^+とCl^-は反応の前後で変化していないので両辺から除くと、上式は次のようになります。

　$H^+ + OH^- \rightarrow H_2O$

　中和は、酸から生じるH^+と塩基から生じるOH^-が結合してH_2Oになる反応なので水ができます。 水の他にも酸の陰イオンと塩基の陽イオンが結びついた塩ができ、酸や塩基の種類によってできる塩が違います。

図 6-4　塩酸と水酸化ナトリウム水溶液

$$
\underset{\text{塩酸}}{\underline{HCl}} + \underset{\text{水酸化ナトリウム水溶液}}{\underline{NaOH}} \rightarrow NaCl + H_2O
$$

$$Cl^- + Na^+ \rightarrow Na^+ + Cl^- \xrightarrow{\text{水を蒸発させる}} \underset{\text{塩}}{\underset{\text{塩化ナトリウム}}{NaCl}}$$

$$+ \quad +$$

$$H^+ + OH^- \rightarrow \underset{\text{水}}{H_2O}$$

酸と塩基が完全に中和するときに成り立つ関係式

 中和反応の量的関係

　水素イオンH^+1個は水酸化物イオンOH^-1個と反応して水H_2Oになるので、同じ物質量のH^+とOH^-を含む酸と塩基を混ぜると完全に中和されます。このとき、

　　酸の価数×酸の物質量　＝　塩基の価数×塩基の物質量

　　　　　　‖　　　　　　　　　　　　　　　‖

　　H^+の物質量　　　　　　　　OH^-の物質量

　1mol/Lの塩酸または硫酸のそれぞれ1 Lに含まれているH^+の物質量は、それぞれ1（価）×1 mol/L×1 L＝1 mol、2（価）×1 mol/L×1 L＝2 molになります。価数が1と2ではH^+の物質量に大きな差があります。濃度c mol/Lの溶液では、溶液1 L中に溶質はc mol含まれているので、溶液V L中には溶質が$c \times V$ mol含まれます。さらに、a価の酸や塩基は、1化学式あたりa個のH^+やOH^-を放出するので、溶液に含まれるH^+やOH^-の物質量は、価数とモル濃度mol/Lと体積Lをかけ合わせた$a \times c \times V$ molになります。したがって、酸と塩基が完全に中和するときには、次の関係が成り立ちます。

　酸の価数a×酸溶液のモル濃度c×酸溶液の体積V

　＝　塩基の価数a'×塩基溶液のモル濃度c'×塩基溶液の体積V'

　$acV = a'c'V'$

「0.10 mol/Lの塩酸10 mLを完全に中和するのに必要な0.20 mol/Lの水酸化バリウム水溶液は何mLか。」では、塩酸は1価の酸、水酸化バリウムは2価の塩基なので、1×0.10 mol/L×10 mL/1000＝2×0.20 mol/L×x mL/1000

　　x＝2.5（mL）

滴定曲線

　滴定にともなう溶液のpHの変化を表した曲線を、滴定曲線といいます。**強酸に強塩基の水溶液を加えたとき、完全に中和する点（中和点）近くになると、1滴の塩基水溶液が加わることによるH$^+$濃度の変化は大きいです。** 中和点付近では、H$^+$濃度が小さいので中和でOH$^-$と結びついて水になるH$^+$はほとんどなく、加わった塩基によるOH$^-$のほぼ全部がH$^+$濃度の変化に効いてくるからです。

　中和点を過ぎてさらに塩基水溶液を加えると、はじめはH$^+$濃度の変化は大きいですが、十分過剰に塩基水溶液が加わると、1滴による変化は小さくなります。 すでに十分に水酸化物イオンが存在しているからです。

　強酸と強塩基との中和反応では、中和点付近でpH7付近を中心としてpHが急激に変化する幅が広いので、指示薬には変色がpH8付近から始まる**フェノールフタレイン溶液**が用いられます。メチルオレンジでもよいですが、フェノールフタレイン溶液は無色からpH8以上で赤色へと変わるので中和点が非常に見やすいです。弱酸と強塩基、弱塩基と強酸を用いて中和滴定をすると、生じた塩の加水分解のため、完全に中和する点（中和点）のpHが7からずれてきます。たとえば、酢酸やシュウ酸などの弱酸と水酸化ナトリウムなどの強塩基の**中和測定でフェノールフタレイン溶液が用いられるのは、中和点が塩基性側にあるからです。**

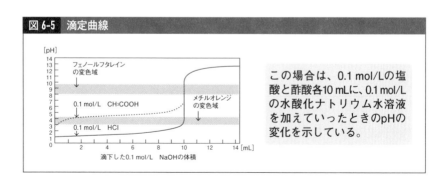

図 6-5　滴定曲線

この場合は、0.1 mol/Lの塩酸と酢酸各10 mLに、0.1 mol/Lの水酸化ナトリウム水溶液を加えていったときのpHの変化を示している。

酸素なしで 酸化還元を考える

序章 原子とは何か？

第1章 原子の組み替え

第2章 周期表ができるまでの化学の歴史

第3章 化学の地図・周期表 地図。道案内の

第4章 無機物質の世界

第5章 密度やモルなどの量と計算

第6章 酸・塩基と酸化還元

第7章 有機物の世界

酸化還元と酸素のやりとり

中学理科で学ぶ酸化還元を軽く復習しておきましょう。銅Cuの粉末を空気中で熱すると、酸素と結びついて黒色の酸化銅(Ⅱ)CuOになります。

$$2Cu \ + \ O_2 \ \rightarrow \ 2CuO$$

また、マグネシウムMgを燃焼させると、白色の酸化マグネシウムMgOができます。

$$2Mg \ + \ O_2 \ \rightarrow \ 2MgO$$

このように、**ある物質が酸素と結びついたとき、「物質は酸化された」**といい、その化学変化を**酸化**といいます。酸化銅(Ⅱ)CuOと炭素Cを反応させると、銅と二酸化炭素ができます。

$$2CuO \ + \ C \ \rightarrow \ 2Cu \ + \ CO_2$$

このように、逆に**酸化物が酸素を失ったとき、「物質は還元された」**といい、その化学変化を**還元**といいます。

酸化還元と電子のやりとり

銅Cuが酸素と反応すると酸化銅(Ⅱ)CuOになることを、電子の授受で考えてみましょう。CuOは銅(Ⅱ)イオンCu^{2+}と酸化物イオンO^{2-}からできているイオン結晶。銅原子は酸素原子に電子2個を与えてCu^{2+}に、酸素原子は電子2個を受けとってO^{2-}になってイオン結合で結びついています。この場合、銅原子が酸化銅(Ⅱ)になるとき、つまり銅が酸化されたとき、電子e^-を失っています。

$$2Cu \rightarrow 2Cu^{2+} + 4e^- \quad ①$$

$$O_2 + 4e^- \rightarrow 2O^{2-} \quad ②$$

では、次に酸素と結びついたり、酸素を失ったりしない反応を見てみましょう。銅線を熱して塩素中に入れると、激しく反応して塩化銅(Ⅱ)$CuCl_2$を生じます。

$$Cu + Cl_2 \rightarrow CuCl_2$$

この場合も、銅原子は電子2個をそれぞれの塩素原子に与えて銅(Ⅱ)イオンCu^{2+}になっています。

$$Cu \rightarrow Cu^{2+} + 2e^- \quad ③$$

$$Cl_2 + 2e^- \rightarrow 2Cl^- \quad ④$$

電子の授受では、①と③は電子を放出、②と④は電子を受けとるので同じです。**一般に、原子が電子を失うとき、「その原子は酸化された」といいます**。銅と酸素や塩素との反応で、酸素原子や塩素原子はそれぞれ、電子を受けとって酸化物イオンO^{2-}や塩化物イオンCl^-になっています。

一般に、原子が電子を受けとるとき、「その原子は還元された」といいます。反応で、ある原子が電子を失えば、その失った電子を受けとる原子があります。したがって、**酸化と還元は対になって同時に起こります**。

酸化と還元が起こっている反応を酸化還元といいます。電子のやりとりから酸化還元を定義すると、酸素のやりとりで定義したときよりもあてはまる範囲が広くなります。

図 6-6　電子の授受と酸化還元

酸素を得る：酸化

$$2Cu + O_2 \rightarrow 2CuO$$

酸素を失う：還元

電子を放出する

酸化：$Cu \rightarrow Cu^{2+} + 2e^-$

還元：$O + 2e^- \rightarrow O^{2-}$

電子を得る

酸化数により、その反応が酸化か還元かを判断できる

序章
原子とは何か?

第1章
原子の組み替え

第2章
周期表ができるまでの化学の歴史

第3章
化学の"道案内"の地図"周期表

第4章
無機物質の世界

第5章
密度やモルなどの量と計算

第6章
酸・塩基と酸化還元

第7章
有機物の世界

 酸化数とは何か?

　もともと、酸化とは「酸素との反応（化合）」で、還元とは「酸化物から酸素を取り除く反応」でした。

　しかし、前頁で見たように、たとえば銅は酸素と反応して酸化銅（Ⅱ）になりますが、銅は塩素と、褐色の煙を出す発熱反応をして塩化銅（Ⅱ）になります。銅に注目すれば、この2つの反応で、どちらも銅（Ⅱ）イオンになっています。

　銅と酸素の反応も、銅と塩素の反応も、銅が電子を放出して銅（Ⅱ）イオンになっています。酸化還元を電子の移動に着目し、電子を失う（放出する）ことを酸化、逆に電子を得る（受けとる）ことを還元としました。

　こうして、化学者は、酸化や還元という反応をもっと広げたのです。もう酸化は、酸素との化合に限らなくなりました。

　しかし、銅原子⇄銅（Ⅱ）イオン、酸素分子⇄酸化物イオンのような場合は、電子の移動がはっきりしているのでいいのですが、原子が共有結合してできている分子同士の酸化還元はどうしたらいいでしょうか。

　そこで登場するのが酸化数という考えです。 A原子とB原子が共有結合してABという分子になったとき、A原子とB原子に共有電子対を引きつける性質（力）に違いがあれば、共有電子対は、より引きつける原子のほうに偏ります。なお、周期表の元素の位置や232〜234ページの「電気陰性度」の数値で、どちらが共有電子対を引きつけるかがわかります。

　酸化数は、A原子とB原子の陰性の強いほうに完全に共有電子対が引きつけられると仮定します。 いわば、共有結合をイオン結合のように2つの

原子間で電子のやりとりがされたと仮定するわけです。

　たとえば水分子では、陰性の強い酸素原子に酸素原子－水素原子間の共有電子対が完全に移動しているとするのです。このとき、酸素原子は2個の水素原子から電子を1個ずつ引きつけるので酸化数を－2とします。水素原子1個は電子1個を酸素原子に与えるので酸化数を＋1とします。

　同様に二酸化炭素分子では、酸素原子－炭素原子－酸素原子で、より陰性の強い酸素原子のほうに完全に共有電子対が移動していると考えます。

　1個の酸素原子は炭素原子1個から2個の電子を引きつけるので酸化数は－2、炭素原子は2個の酸素原子へ電子2個ずつ与えるので酸化数は＋4になります。

　過酸化水素分子では、水素原子－酸素原子－酸素原子－水素原子の結合で、両端の水素原子－酸素原子の結合2つでは、酸素原子が共有電子対を引きつけますが、酸素原子－酸素原子の結合のところでは、まったく均等に共有電子対を共有しているので、どちらの酸素原子も共有電子対を引きつけることができません。水素原子－酸素原子で、水素原子1個は酸素原子に電子1個を与えます（酸素原子の側からは、電子1個を引きつける）ので、過酸化水素分子の酸素の酸化数は－1になります。

🔆 酸化数の求め方

　$N_2 + 3H_2 \rightarrow 2NH_3$ のような酸化還元の場合、電子のやりとりがはっきりしません。そこで、一般に原子に酸化数という考え方を用いて、酸化数が増えれば酸化、減れば還元として判断します。

　以下、酸化数の求め方です。

　(1) 単体の中の原子の酸化数は0とする。

　　$\underline{H}_2$（H；0），$\underline{Cu}$（Cu；0）

　(2) 単原子イオンの酸化数は、そのイオンの価数に等しい。

　　$\underline{Cu}^{2+}$（Cu；＋2），$\underline{Cl}^-$（Cl；－1）

序章
原子とは何か？

第1章
原子の組み替え

第2章
周期表ができる
までの化学の歴史

第3章
化学の〝道案内〟の
地図〝周期表

第4章
無機物質の世界

第5章
密度やモルなどの
量と計算

第6章
酸・塩基と
酸化還元

第7章
有機物の世界

(3)化合物の中の酸素原子の酸化数を－2、水素原子の酸化数を＋1とする。$\underline{H_2O}$(H；＋1, O；－2)

ただし、過酸化水素H_2O_2中のOの酸化数は－1

(4)化合物の中の原子の酸化数の総和は0とする。

$\underline{Cu}\ \underline{O}(+2)+(-2)=0$

(5)多原子イオンの中の原子の酸化数の総和は、そのイオンの価数に等しい。$\underline{Mn}\ \underline{O_4}^-\ (+7)+(-2)\times4=-1$

たとえば、酸化銅（Ⅱ）と炭素から銅と二酸化炭素ができる反応では、それぞれの原子の酸化数の変化は次のようになります。

$$2\underline{Cu}\ \underline{O}\quad+\quad\underline{C}\quad\rightarrow\quad2\underline{Cu}\quad+\quad\underline{C}\ O_2$$

$$+2\ -2\qquad\quad0\qquad\qquad0\qquad\quad+4\ -2$$

C原子の酸化数（左辺→右辺）　　0　→＋4

Cu原子の酸化数（左辺→右辺）　＋2　→0

酸化数が増加しているので、炭素原子は酸化されており、銅原子の酸化数が減少しているので、銅原子は還元されているとわかるのです。

酸化剤と還元剤

酸化銅（Ⅱ）CuOと炭素Cの反応では、酸化銅（Ⅱ）は炭素によって還元され、炭素は酸化銅（Ⅱ）によって酸化されます。酸化還元において、CuOのように相手の物質を酸化し、自身は還元される物質を**酸化剤**といいます。また、Cのように相手の物質を還元し、自身は酸化される物質は**還元剤**といいます。たとえば下熱剤のように、「○○剤」とは「相手を○○する物質」という意味です。

一般に酸化剤は他の分子などから電子を奪いやすい性質をもつ物質で、オゾンO_3、酸化マンガン（Ⅳ）、酸化力が強い酸である硝酸HNO_3、過マンガン酸カリウム$KMnO_4$や二クロム酸カリウム$K_2Cr_2O_7$や、塩素Cl_2、ヨウ素I_2などのハロゲンなどです。還元剤には、イオンになりやすい金属であるナ

トリウムNa、カリウムK、亜鉛Znや、鉄（Ⅱ）塩〔鉄（Ⅲ）イオンになりやすい〕や、シュウ酸$(COOH)_2$などの有機物があります。

図 6-7 酸化剤と還元剤

酸化剤＝相手を酸化させる物質（自身は還元）
　　　＝電子を受けとる物質、電子のキャッチャー

還元剤＝相手を還元させる物質（自身は酸化）
　　　＝電子を放出する物質、電子のピッチャー

　　　銅　　　　　酸素　　　　　酸化銅（Ⅱ）

$$Cu \ + \ O_2 \ \rightarrow \ CuO$$

銅原子は電子を放出（酸化数増加）→ 還元剤
銅原子の集合体の銅も還元剤

$$2Cu \ \rightarrow \ 2Cu^{2+} \ + \ 4e^-$$

酸素原子は電子を受けとる（酸化数減少）→ 酸化剤
酸素（酸素分子）も酸化剤

$$O_2 \ + \ 4e^- \ \rightarrow \ 2O^{2-}$$

過酸化水素 H_2O_2 は通常酸化剤としてはたらく

　酸性にした過酸化水素 H_2O_2 水溶液とヨウ化カリウム KI 水溶液の反応を考えてみましょう。ヨウ化カリウムはカリウムイオン K^+ とヨウ化物イオン I^- がイオン結合したイオン結晶で、水に溶かすと無色の水溶液になります。水溶液中には K^+ と I^- がばらばらに散らばっています。

　ヨウ素 I_2 は、光沢のある紫黒色の分子結晶です。水に溶けにくいですが、ヨウ化カリウム水溶液にはよく溶けます。もし、ヨウ化カリウム水溶液中で I^- の一部が I_2 になると、水に溶けて溶液が褐色になります。

　では、硫酸で酸性にした過酸化水素水溶液とヨウ化カリウム水溶液を混ぜてみましょう。酸性だと H^+ を含みます。混ぜると褐色の溶液になったので、いったいこの褐色が何かを調べるために、少量とってデンプン水溶液

に入れたら紫色になりました。これはヨウ素デンプン反応といって、褐色のものはヨウ素I_2だと確認できました。

$$H_2O_2 + 2H^+ + 2e^- \rightarrow 2H_2O \qquad ①$$

$$2I^- \rightarrow I_2 + 2e^- \qquad\qquad ②$$

このとき、過酸化水素は酸化剤（酸化数−1→−2）として、ヨウ化カリウムは還元剤（酸化数−1→0）としてはたらいています。①＋②の計算を行ってe^-を消去すると、次の反応式になります。

$$H_2O_2 + 2H^+ + 2I^- \rightarrow I_2 + 2H_2O \quad ③$$

③に、反応に関与しなかったSO_4^{2-}とK^+を補って、物質の化学式にすることができます。

$$H_2O_2 + 2H^+ + 2I^- \rightarrow I_2 + 2H_2O$$
$$\uparrow \qquad\quad \uparrow$$
$$SO_4^{2-} \qquad 2K^+$$
$$\Rightarrow H_2O_2 + H_2SO_4 + 2KI \rightarrow K_2SO_4 + I_2 + 2H_2O$$

過マンガン酸カリウムの酸化作用

過マンガン酸カリウム$KMnO_4$は黒紫色の結晶で、その水溶液は赤紫色です。**過マンガン酸カリウムには強い酸化作用があります。**つまり、強い酸化剤です。酸性の状態で、他の物質を酸化すると、マンガン（Ⅱ）イオンMn^{2+}を生じるので、水溶液の色が消えます。Mn^{2+}を含む水溶液は淡いピンク色ですが、薄いとほとんど無色です。

$$MnO_4^- + 8H^+ + 5e^- \rightarrow Mn^{2+} + 4H_2O \qquad ④$$

酸性にした過マンガン酸カリウム水溶液とヨウ化カリウム水溶液を混ぜると、水溶液中のヨウ化物イオンI^-が酸化されてヨウ素I_2になるので、水溶液は褐色になります。

$$2I^- \rightarrow I_2 + 2e^-$$

序章　原子とは何か？

第1章　原子の組み替え

第2章　周期表ができるまでの化学の歴史

第3章　化学の“道案内”の地図“周期表”

第4章　無機物質の世界

第5章　密度やモルなどの量と計算

第6章　酸・塩基と酸化還元

第7章　有機物の世界

電池はダニエル電池のしくみを理解する

 電池と回路

　乾電池の正極、負極にソケット付き豆電球、導線をつなぐと、豆電球のあかりがつきます。そのとき、電源から豆電球を通って電源に戻る、ぐるっとひとまわりの回路ができています。**その回路中を電池の負極から正極に向かって電子がぞろぞろ動いています。回路中の電流の向きは電流では正極→負極。電子では負極→正極。**これは最初、導線の中を何が移動しているかわからず正極と負極を決めてしまった後に「電流は電子が移動している」と判明し、電流と電子の移動の向きが逆になってしまったのです。

 電池内部では電子のキャッチボール

　電池の外の回路には負極から正極に電子が移動していきます。負極には電子を放出したがっている物質があります。そして、**正極には電子をほしがっている物質があります。**マンガン乾電池やアルカリ乾電池では、負極は亜鉛という金属です。

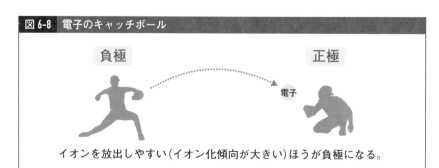

図 6-8　電子のキャッチボール

負極　　　　　　　　　　　正極

電子

イオンを放出しやすい（イオン化傾向が大きい）ほうが負極になる。

では、正極はというと、すぐ直接的に正極にあるのは炭素棒ですが、炭素棒はじつは電子をほしがる物質ではありません。電子を集めて、電子をほしがる物質に与える役目をしています。

単に負極や正極というと、実際の主役が見えにくくなるので、実際の主役を「負極活物質」「正極活物質」といいます。マンガン乾電池やアルカリ乾電池では、負極＝負極活物質＝亜鉛ですが、正極活物質は炭素ではなく、共に正極活物質はおもに酸化マンガン（IV）MnO_2です。

負極活物質から放り出された電子は回路を通り、正極活物質に受けとられるのです。そうすると、負極付近では電子がどんどんなくなり陽イオンが増え、正極付近には電子がどんどんたまって陰イオンが増えることになるのでしょうか。

電池では、他に電解質水溶液も重要な構成員です。電解質とは、水に溶かすと、その水溶液が電流を通す物質です。電流が流れると電気分解が起こるので、「**電気分解が起こる物質**」といってもいいでしょう。

電解質水溶液の中では、陽イオンと陰イオンがもつ電荷の全体は、プラスマイナス0、つまり電気的には中性の状態が維持されています。

電解質水溶液の中で陽イオンが増えれば、それをキャンセルできる電荷の陰イオンが増えています。負極付近と正極付近が膜で仕切ってあっても、その膜をイオンが通過して、全体の電気的中性は維持されます。

金属のイオン化傾向と負極の亜鉛

イオン化傾向が大きい金属は、電子を放出したがっていて、放出した電子をもらってくれる相手さえいれば、電子を放出して陽イオンになりたがっています。**電子を放出して陽イオンになる傾向が強いほど「もっている化学エネルギーが高い」**のです。化学エネルギーは、Li ＞ Na ＞ Mg ＞ Al ＞ Zn ＞ Fe …の順に高いです。

一方、正極活物質のマンガン（IV）の化学エネルギーはNa、Mg、Al、Zn、Feよりも低いです。すると、正極活物質が酸化マンガン（IV）なら、**負極活**

序章 原子とは何か？

第1章 原子の組み替え

第2章 周期表ができるまでの化学の歴史

第3章 化学の〝道案内〟地図。周期表

第4章 無機物質の世界

第5章 密度やモルなどの量と計算

第6章 酸・塩基と酸化還元

第7章 有機物の世界

物質は、イオン化傾向が大きい物質ほど、その差が大きくなり、大きなエネルギーが得られることになります。

　しかし、いくら「乾」電池といっても、完全に乾いてはいません。電解質水溶液が必要なら、水と出合えば激しく反応してしまうナトリウムなどは負極活物質に使えません。そこでマンガン乾電池やアルカリ乾電池は、亜鉛に落ち着いたのでしょう。

　ナトリウムと似た性質のリチウムを負極活物質に使った電池（リチウム一次電池あるいはリチウム電池。ノートパソコンのバッテリーなどに使われるリチウムイオン二次電池は別物）がありますが、水は使えないので有機溶媒にリチウムの化合物を溶かし込んだ電解質液を使っています。電流が流れ出す（イオン化傾向のより小さい）電極が正極、電流が流れ込む（イオン化傾向のより大きい）電極が負極になります。

ダニエル電池

　ダニエル電池は、イオンが移動できる多孔質の隔膜で負極室と正極室が仕切られています。負極室には硫酸亜鉛 $ZnSO_4$ 水溶液と亜鉛電極、正極室には硫酸銅（Ⅱ）$CuSO_4$ 水溶液と銅電極が入れられています。両電極を導線でつないで放電すると、次の反応が起こり、正極から負極へ電流が流れます。

$$（負極）\quad Zn \quad \rightarrow \quad Zn^{2+} \quad + \quad 2e^-$$
$$（正極）\quad Cu^{2+} \quad + \quad 2e^- \quad \rightarrow \quad Cu$$
$$（全体）\quad Zn \quad + \quad Cu^{2+} \quad \rightarrow \quad Zn^{2+} \quad + \quad Cu$$

　ダニエル電池は、次のような簡略化した式で表すことができます。aq は水溶液を表します。

　（－）Zn｜$ZnSO_4$aq｜$CuSO_4$aq｜Cu（＋）

　起電力は1.07〜1.14ボルトで起電力変化は小さく、気体の発生もありません。

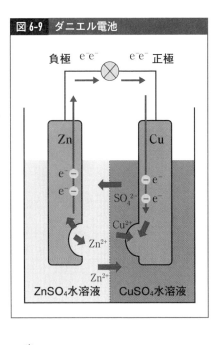

図 6-9 ダニエル電池

負極 $e^- e^-$ 〜 $e^- e^-$ 正極

Zn　Cu

e^-
e^-

SO_4^{2-} e^- e^-

Cu^{2+}

Zn^{2+}

Zn^{2+}

ZnSO₄水溶液　CuSO₄水溶液

ダニエル電池は、1836年にイギリスのダニエルによって考案された歴史的な電池です。一時は実用にも使われましたが、今は電池のしくみを説明するのに必須になっています。

なお、ダニエル電池の前にはボルタの電池がありましたがすぐに起電力が低下し、気体が発生。その理論的な説明は難しいので、今では歴史的な価値で教科書にのせられています。

一次電池と二次電池

一般に、一度使いきったら終わりの一次電池と、充電して使用可能な二次電池に分けられます。一次電池にはマンガン乾電池、アルカリ（マンガン）乾電池、アルカリボタン電池、リチウム電池など、二次電池にはニッケル・カドミウム（ニッカド）蓄電池、ニッケル水素蓄電池、リチウムイオン蓄電池、鉛蓄電池などがあります。

鉛蓄電池

ここでは、二次電池として長い歴史があり、実用上重要な鉛蓄電池のしくみを考えてみます。正極活物質に多孔性の酸化鉛（IV）PbO_2、負極活物質にスポンジ状の鉛Pb、電解液には33〜37%程度の硫酸H_2SO_4水溶液を用います。起電力は約2.0ボルトです。

序章
原子とは何か？

第1章
原子の組み替え

第2章
周期表ができるまでの化学の歴史

第3章
化学の“道案内の地図”周期表

第4章
無機物質の世界

第5章
密度やモルなどの量と計算

第6章
酸・塩基と酸化還元

第7章
有機物の世界

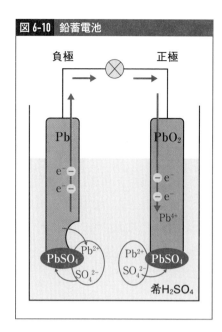

図6-10 鉛蓄電池

負極　　　　　　　正極

Pb

e⁻
e⁻

PbSO₄　Pb²⁺
　　　SO₄²⁻

PbO₂

e⁻
e⁻
Pb⁴⁺

Pb²⁺
SO₄²⁻　PbSO₄

希H₂SO₄

鉛蓄電池には酸化鉛（Ⅳ）PbO₂、鉛 Pb の他に硫酸鉛（Ⅱ）PbSO₄が関係します。PbO₂と PbSO₄は、どちらも水に不溶です。

放電（回路につないで電池から電流を流す）すると、Pb は電子を放出して（電子は回路を通して負極→正極へ）鉛（Ⅱ）イオン Pb²⁺になりますが、硫酸中の硫酸イオン SO₄²⁻と結びついて硫酸鉛（Ⅱ）になって極板にくっついたままになります。

【負極】 $Pb + SO_4^{2-} \rightarrow PbSO_4 + 2e^-$

正極ではPbO₂が電子と硫酸イオンSO₄²⁻と水素イオンH⁺を受けとって、

【正極】 $PbO_2 + 4H^+ + SO_4^{2-} + 2e^- \rightarrow PbSO_4 + 2H_2O$

負極ではPbが酸化され、正極ではPbO₂が還元されて、いずれも PbSO₄になります。全体の反応は、次のようになります。

$$Pb + PbO_2 + 2H_2SO_4 \rightarrow 2PbSO_4 + 2H_2O$$

長時間使用すると電圧が低下し、硫酸の密度が小さくなっていきます。したがって、硫酸の密度から充放電状態を知ることができます。

外部の直流電源の＋端子に正極を、－端子に負極をつないで逆向きに電流を流すと、放電反応の逆反応が起き、電極と電解液がもとの状態に戻り、電池の起電力が回復します。この操作を充電といいます。

水の電気分解は水酸化ナトリウム水溶液を使う

序章
原子とは何か？

第1章
原子の組み替え

第2章
周期表ができるまでの化学の歴史

第3章
化学の"道案内"の地図"周期表

第4章
無機物質の世界

第5章
密度やモルなどの量と計算

第6章
酸・塩基と酸化還元

第7章
有機物の世界

 ## 中学理科で学んだ水の電気分解

中学理科では、実験をもとに、化学変化について炭酸水素ナトリウムを加熱すると炭酸ナトリウムと二酸化炭素になること、さらに水酸化ナトリウムを溶かした水に電流を流すと水素と酸素になることを学びます。

↓電気エネルギー

$$2H_2O \rightarrow 2H_2 + O_2$$

水を電気分解すると、体積比で水素：酸素＝2：1の水素と酸素が発生します。水に水酸化ナトリウムを溶かしておくのは、電流が流れやすくするためと説明されます。たしかに、純水（真水）は電流を流さないので、水を電気分解できません。

 ## 電気分解は電池と逆向きの反応

電池と電気分解は互いに逆向きの反応に相当しています。どちらも、電極、溶質、溶媒の原子、分子、イオンが電子をもらったり、失ったりする反応（電子の授受）が起こっています。電池では、電子を放出したがっている負極活物質と電子をほしがっている正極活物質があります。負極活物質が電子を放出し（失い）、正極活物質が電子を受けとって、回路の負極から正極へ電子が流れました。電気分解では、電極、溶質、溶媒の原子、分子、イオンの中で最も酸化されやすいもの（マクロには物質、ミクロには原子、分子、イオン）が陽極へ電子を放出し、最も還元されやすいものが陰極から電子を受けとります。このとき電子の授受をするのはイオンとは限りません。原子、分子の場合もあります。

炭素電極（あるいは白金電極）、水酸化ナトリウム水溶液の場合に電流を流したときに起こる電気分解を考えてみましょう。

　電気分解の電極は、電池の正極をつないだほうを陽極、電池の負極をつないだほうが陰極とします。水酸化ナトリウム水溶液中には水H_2O、ナトリウムイオンNa^+、水酸化物イオンOH^-、ごく微量の水素イオンH^+があります。H^+はごく微量なので無視してOKです。

　水酸化ナトリウム水溶液に電圧をかけて電流を流すと、陽極付近（すぐ近く）にあるH_2O、OH^-で電子を放出するのはOH^-です。

$$4OH^- \rightarrow 2H_2O + O_2 + 4e^- \quad ①$$

の反応が起こって酸素が発生します。水溶液のpHがおおむね12以上の塩基性だと、OH^-が十分にあるので、OH^-が電子を放出します。

　陰極付近（すぐ近く）にあるH_2O、Na^+で電子を受けとるのはH_2Oです。

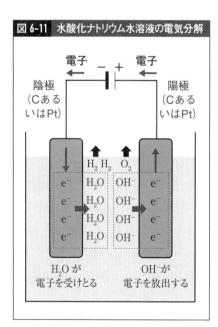

図 6-11　水酸化ナトリウム水溶液の電気分解

$$2H_2O + 2e^- \rightarrow 2OH^- + H_2 \quad ②$$

の反応が起こって水素が発生します。

　放出する電子と受けとる電子の物質量を同じにするために①＋2×②で整理すると、

$$2H_2O \rightarrow 2H_2 + O_2$$

になります。

　結果的に水が電気分解されています。

💡 炭素電極、硫酸H_2SO_4水溶液の電気分解

硫酸水溶液中には、水H_2O、水素イオンH^+、硫酸イオンSO_4^{2-}、ごく微量の水酸化物イオンOH^-があります。OH^-はごく微量なので無視します。

硫酸水溶液に電圧をかけて電流を流すと、陽極付近（すぐ近く）にあるH_2Oが電子を放出します。

$$2H_2O \rightarrow O_2 + 4H^+ + 4e^- \quad ①$$

の反応が起こって酸素が発生します。

陰極付近（すぐ近く）では、水溶液のpHがおおむね2以下の酸性だと、H^+が十分にあるので、H^+が電子を受けとります。

$$2H^+ + 2e^- \rightarrow H_2 \quad ②$$

の反応が起こって水素が発生します。

放出する電子と受けとる電子の物質量を同じにするために①＋2×②で整理すると、

$$H_2O \quad \rightarrow \quad 2H_2 \quad + \quad O_2$$

になります。結果的にこの場合も水が電気分解されています。

💡 硫酸ナトリウムNa_2SO_4水溶液の電気分解

硫酸ナトリウムNa_2SO_4水溶液は中性で、その中には、水H_2O、ナトリウムイオンNa^+、硫酸イオンSO_4^{2-}、ごく微量の水素イオンH^+と水酸化物イオンOH^-があります。

H_2Oに比べて、酸化還元されにくいものがあります。硫酸イオンSO_4^{2-}、硝酸イオンNO_3^-、カリウムイオンK^+、ナトリウムイオンNa^+、マグネシウムイオンMg^{2+}、アルミニウムイオンAl^{3+}などです。

Na_2SO_4水溶液のNa^+、SO_4^{2-}はH_2Oに比べて、酸化還元されにくいので、この場合は、陽極でも陰極でもH_2Oが電子の授受を行います。

【陽極】$2H_2O \rightarrow O_2 + 4H^+ + 4e^-$

【陰極】$2H_2O + 2e^- \rightarrow 2OH^- + H_2$

序章　原子とは何か？

第1章　原子の組み替え

第2章　周期表ができるまでの化学の歴史

第3章　化学の道案内の地図・周期表

第4章　無機物質の世界

第5章　密度やモルなどの量と計算

第6章　酸・塩基と酸化還元

第7章　有機物の世界

陽極、陰極付近の水溶液で電子の授受をするもの

　ここまでをまとめておきましょう。**陽極で、水 H_2O より酸化されやすい物質があれば、その物質が電子を放出します。**それらは、塩化物イオン Cl^-、水酸化物イオン OH^- などです。**陰極で、水 H_2O より還元されやすい物質があれば、その物質が電子を受けとります。**それらは銅(Ⅱ)イオン Cu^{2+}、水素イオン H^+ などです。H_2O に比べて、酸化還元されにくいもの（硫酸イオン $SO_4{}^{2-}$、硝酸イオン $NO_3{}^-$、カリウムイオン K^+、ナトリウムイオン Na^+、マグネシウムイオン Mg^{2+}、アルミニウムイオン Al^{3+} など）は、H_2O が電子の授受を行います。

　水酸化ナトリウム水溶液、硫酸水溶液、硫酸ナトリウム水溶液（中性）の場合、陽極、陰極で次の反応が起こります。

【陽極】（酸素発生）…水酸化ナトリウム水溶液など、おおむね pH＞12 で、

$4OH^- \rightarrow 2H_2O + O_2 + 4e^-$

それ以外の pH で、

$2H_2O \rightarrow O_2 + 4H^+ + 4e^-$

【陰極】（水素発生）…硫酸水溶液など、おおむね pH＜2 で、

$2H^+ + 2e^- \rightarrow H_2$

それ以外の pH で、

$2H_2O + 2e^- \rightarrow 2OH^- + H_2$

電極が溶け出す場合がある

　炭素電極（黒鉛 C）、白金電極（Pt）は、水に比べて酸化還元されにくいので、水溶液の電気分解で変化しません。水がないと炭素電極が反応してしまうことがあります（→アルミニウムの溶融塩電気分解）。銅 Cu の電極は、水に比べて酸化されやすいので、水酸化ナトリウム水溶液などの電気分解では陽極が溶け出します。

$Cu \rightarrow Cu^{2+} + 2e^-$

イオン化傾向が大きい金属は溶融塩電解で得る

序章 原子とは何か？

第1章 原子の組み替え

第2章 周期表ができるまでの化学の歴史

第3章 化学の道案内の地図・周期表

第4章 無機物質の世界

第5章 密度やモルなどの量と計算

第6章 酸・塩基と酸化還元

第7章 有機物の世界

アルミニウムの溶融塩電気分解

　ナトリウム Na、カリウム K、カルシウム Ca、マグネシウム Mg、アルミニウム Al などはイオン化傾向の大きい金属です。これらの塩類を含む水溶液を電気分解しても、陰極で水 H_2O が電子を受けとって水素を発生するだけで金属の単体は出てきません。**これらの金属の単体を得るには、その無水の化合物を高温にして、溶融状態で電気分解します。**水がないので、その化合物の中の金属イオンが陰極で電子を受けとって金属の単体ができます。この方法を溶融塩電気分解（溶融塩電解）といいます。

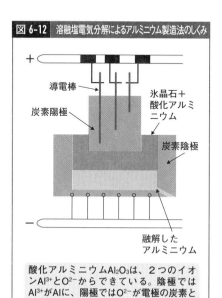

図 6-12　溶融塩電気分解によるアルミニウム製造法のしくみ

- 導電棒
- 氷晶石＋酸化アルミニウム
- 炭素陽極
- 炭素陰極
- 融解したアルミニウム

酸化アルミニウム Al_2O_3 は、2つのイオン Al^{3+} と O^{2-} からできている。陰極では Al^{3+} が Al に、陽極では O^{2-} が電極の炭素と結びついて CO_2 になる。

　ナトリウム Na、カリウム K、カルシウム Ca、マグネシウム Mg、アルミニウム Al は溶融塩電気分解でつくられています。

　アルミニウムは、鉱石のボーキサイトから酸化アルミニウム Al_2O_3（アルミナ）をつくり、これを氷晶石 Na_3AlF_6 という組成のフッ化物とともに約1000℃で溶融した状態で電気分解して製造しています。アルミニウムの製造には大量の電力を必要とするので、アルミニウムは電気のかたまりや電気の缶詰といわれています。

アルミニウムの電解法による製造発明のエピソード

　アルミニウムの鉱石ボーキサイトは、酸化アルミニウム（アルミナ）を40〜60％含んでいます。ボーキサイトを精製して酸化アルミニウム（アルミナ）にします。酸化アルミニウムではアルミニウムと酸素が非常に強い結合力で結びついていますが、カリウムのようなイオン化傾向が大変大きな金属で還元すればアルミニウムを取り出せます。しかし、この方法はコスト的に大変高価で、また大量生産に向きません。

　そこで、電気エネルギーを用いて電気分解でアルミニウムを取り出そうとしました。しかし、硝酸アルミニウムなどを水に溶かして、電圧をかけて電流を流すと水が電気分解されてしまいます。陰極で電子を受けとるのがアルミニウムイオンではなく、水分子になってしまいます。そこで考えられるのが、**水なしの電気分解**です。ところが、アルミニウムを溶融（固体を融かして液体にすること）するには2000℃以上の高温が必要です。

　この困難に対して、2人の青年が「もしかすると、2000℃よりもずっと低い温度で液体になり、その液体に酸化アルミニウムを溶かし込めるものがあるかもしれない。そうなればしめたものだ。」と立ちむかいました。

　いろいろ調べた結果、2人が目をつけたのがグリーンランドでとれる乳白色の**氷晶石**というかたまりでした。氷晶石の融点は約1000℃。**氷晶石を液体にして、酸化アルミニウムを加えると、10％程度も溶かし込むことができた**のです。**この液の中に電極を差し入れ、電流を流しました。すると、金属アルミニウムが、陰極に析出してきた**のです。1886年、はじめにアメリカの**ホール**（1863〜1914）が、その2カ月後にフランスの**エルー**（1863〜1914）がこの方法を発見しました。現在、使われているアルミニウムはこの方法で工業的につくられており、**ホール・エルー法**と呼ばれています。

第7章

有機物
の世界

第7章のあらすじ

　19世紀初めまで、化学者の間では「有機物は人工的にはつくることができない」と考えられていました。

　ところが、1828年にドイツの化学者ウェーラーが、有機物の尿素を、無機物のシアン酸アンモニウムを加熱することから人工的につくってしまったのです。

　ウェーラーが尿素を人工的につくった後、いろいろな有機物が無機物から人工的につくれることが明らかになりました。

　そして、有機物は、「有機体という生命力を持つ生物がつくる物質」ではなく、「炭素の骨組みに水素が結合した炭化水素を基本に、酸素原子や窒素原子などを含む物質」と、考えられるようになったのです（もともと鉱物として扱われていたダイヤモンド・黒鉛（単体の炭素）や炭酸塩類については無機物に分類されています）。

　そこで最終章では、19世紀に入るまで人工的に有機物をつくることができなかった理由や、炭素が有機物の中心原子になった理由、有機物の原子の結合の仕方、有機物の原子の反応などを中心にお話ししたいと思います。

19世紀に、無機物から「人工的な有機物」をつくり出すことに成功

エネルギーの山（活性化エネルギー）

活性化エネルギーが高いほど、化学反応が進みにくくなる

電気陰性度

原子の結合

置換反応・付加反応

- 置換反応は、ある原子が他の原子と置き換わる反応
- 付加反応は、二重結合を切断して原子や原子団を付加（追加）する反応

ベンゼンの構造式

官能基

炭化水素の骨格の炭素原子に結合し、その炭化水素の性質を決める原子や原子団

縮合反応・脱水縮合反応

重合

1 付加重合　　　　**2** 縮合重合

序章 原子とは何か？

第1章 原子の組み替え

第2章 周期表ができるまでの化学の歴史

第3章 化学の"道案内"の地図。周期表

第4章 無機物質の世界

第5章 密度やモルなどの量と計算

第6章 酸・塩基と酸化還元

第7章 有機物の世界

有機物を無機物から
つくることに成功

尿の成分である尿素を無機物からつくった

　ラボアジェの時代の化学者は、生物の体を形づくる物質を「有機物」（有機化合物ともいう）、そうでない物質を「無機物」といって区別しました。**有機体という生命力を持つ生物がつくる物質が「有機物」だと考えていた**のです。

　生物がつくるショ糖、デンプン、タンパク質、酢酸（酢の成分）、エタノールなど、たくさんの物質が有機物の仲間です。それに対し、**無機物は、水や岩石や金属のように生物のはたらきを借りないでつくり出された物質**です。

　長い間、「有機物は人工的にはつくることができない」と考えられてきました。この考えは、19世紀はじめまで化学者の世界を支配していました。有機物は特別な物質だったのです。ついに1828年、ドイツの化学者**ウェーラー**（1800〜1882）は、有機物の尿素を、無機物のシアン酸アンモニウムを加熱することから人工的につくってしまいました。ウェーラーは、このとき、「人も犬も使わないで尿素をつくることができた。……このように尿素が人工的に得られたことは、無機物から有機物がつくられることの一例にならないだろうか」と考えました。

　その後、**いろいろな有機物が無機物から人工的につくれることが明らかになりました**。ほとんどの有機物は炭素を骨格としていることから、「炭素の骨組みに水素が結合した炭化水素を基本に、酸素原子や窒素原子などを含む物質」と考えるようになりました。ただし、ダイヤモンド・黒鉛（単体の炭素）や炭酸塩類は、もともと鉱物として扱われてきたので、無機物に分類します。二酸化炭素、一酸化炭素、シアン化水素も同様です。

なぜ、有機物を人工的に つくることが難しかったのか？

序章　原子とは何か？

第1章　原子の組み替え

第2章　周期表ができるまでの化学の歴史

第3章　化学の"道案内の地図"周期表

第4章　無機物質の世界

第5章　密度やモルなどの量と計算

第6章　酸・塩基と酸化還元

第7章　有機物の世界

エネルギーの山（活性化エネルギー）

　　水素と酸素を混ぜ合わせてただおいておくだけでは反応が起こりません。**適当な割合に混ぜ、火をつけたり、電気火花をとばすと激しく反応して水ができます。**この反応では、水素分子の水素原子－水素原子の結合が2、酸素分子の酸素原子－酸素原子の結合が1の割合で失われ、新しく水素原子－酸素原子の結合が4の割合でできます。

　　水素と酸素は水よりエネルギーが高いにもかかわらず、混ぜても自然に反応が進まないのはどうしてでしょうか。じつは、水素と酸素から水ができる反応には、途中に「エネルギーの山」（活性化エネルギー）があります。私たちが山を越えるとき、山の高さで越えやすさが違うように、**化学反応も、「エネルギーの山」が高いほど反応が進みにくくなります。**火をつけたり、電気火花をとばしたりすることは、**この山を越えさせるのに必要なのです。**このエネルギーの山さえ越えさせられれば、はじめの水素と酸素のエネルギーとできた水のエネルギーの差のエネルギーを放出して反応が進みます。

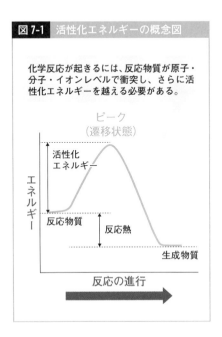

図 7-1　活性化エネルギーの概念図

化学反応が起きるには、反応物質が原子・分子・イオンレベルで衝突し、さらに活性化エネルギーを越える必要がある。

ピーク（遷移状態）

活性化エネルギー

エネルギー

反応物質

反応熱

生成物質

反応の進行

一般に化学反応では、「混ぜても反応が起こらないときは、熱してみる」ことがよく行われます。これは、エネルギーの山を越えさせることになります。

触媒は、活性化エネルギーの山を低くする

エネルギーの山を低くして、反応を進みやすくするために用いるのが触媒です。中学理科で酸素を発生させる実験は「薄い過酸化水素水に二酸化マンガンを加える」というものです。薄い過酸化水素水をそのままおいておいても簡単には分解しませんが、そこに二酸化マンガン、正式名称では酸化マンガン（IV）を加えると分解して酸素と水になります。

このときの酸化マンガン（IV）は、反応の前後で変化しませんが、反応を進めるはたらきをしています。 このような物質を触媒といいます。触媒は、基本的に化学反応式中に書かないので、「薄い過酸化水素水に二酸化マンガンを加える」と起こる反応の化学反応式は、次のようになります。

$$2H_2O_2 \rightarrow O_2 + 2H_2O$$

矢印の上に MnO_2 を入れる場合もあります。

触媒があると反応の速さが大きくなるので、目的の生成物を短時間で得ることができるようになります。**触媒を使うと、反応に必要な活性化エネルギーの山を低めて、反応の速さを大きくできる**のです。

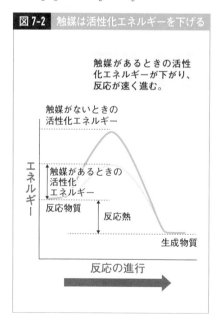

図 7-2 触媒は活性化エネルギーを下げる

触媒があるときの活性化エネルギーが下がり、反応が速く進む。

触媒がないときの活性化エネルギー

触媒があるときの活性化エネルギー

反応物質

反応熱

生成物質

エネルギー

反応の進行

生体内の化学反応を進める酵素

触媒は、固体、気体、液体のどの状態でもよく、はたらいている間、自身は変化し続けますが、はたらきが終わればもとに戻りますので、反応の前後で正味の増減はありません。

生体内では、食物の消化や吸収、呼吸、輸送、代謝、排泄……などの様々な化学反応が整然と進むことで、「生きている」状態が維持されています。そのとき、様々な種類の酵素がはたらいています。人で約5000種あると考えられています。それぞれ受け持ちの反応があり、お互いに邪魔しないようにはたらいています。酵素なしでは生命活動は成り立ちません。

生体内の化学反応は、一般に触媒なしでは化学反応の速度が大変遅く、反応を速めるための触媒の酵素があることで、たやすく起こすことができているのです。そんな触媒の存在に気がついていないときには、体外で（試験管内で）有機物をつくる反応を起こすのが難しかったのです。1828年のドイツの化学者ウェーラーによって、有機物の尿素を無機物からつくることができたのは画期的なことでした。

その後、人の手ではつくれないとされていた有機物や天然に存在しない有機物が、実験室や工場で、続々とつくられるようになりました。そこでは触媒が大活躍しています。

身近な触媒

触媒は、化学工業で大きなはたらきをしています。窒素と水素からアンモニアをつくるハーバー・ボッシュ法では鉄触媒が開発されたことも成功の要因でした。医薬品を合成する反応など、ほとんどすべての化学工業で、それぞれの反応に適した触媒が用いられています。

また、身近なところでも、ガソリンエンジンで走る自動車には、白金をおもにした触媒が使われています。触媒は、排気ガスの窒素酸化物を分解（還元）するなど排気ガスをきれいにするのに役立っています。

序章 原子とは何か？

第1章 原子の組み替え

第2章 周期表ができるまでの化学の歴史

第3章 化学の道案内の地図＝周期表

第4章 無機物質の世界

第5章 密度やモルなどの量と計算

第6章 酸・塩基と酸化還元

第7章 有機物の世界

「電気陰性度」の値から見えてくる元素の性質

元素の電気陰性度

　電気陰性度という値があります。これは、原子が共有電子対を引き寄せる強さを数値で表したものです。電気陰性度は、すでに第3章126ページで軽く触れました。

　原子がお互いに電子を出し合って結びついて分子ができます。そのとき原子と原子の間には共有電子対があります。分子内で1つの原子がその原子自身に電子を引き付ける能力は元素によって違います。原子と原子の間にある共有電子対を引きつける強さの程度に対応する数値が電気陰性度です。貴ガスは化学的に不活性なので除外します（ただし、クリプトン、キセノン、ラドンには電気陰性度の値がある）。

　周期表において電気陰性度に傾向が見られます。アルカリ金属からハロゲンまで、同じ周期なら左から右に向かって大きくなっていきます。これは、右へ行くほど原子核の陽子数が大きくなり、共有電子対を引きつけやすくなるからです。ただし、遷移元素（3〜12族）は、この傾向が当てはまりません。同じ族なら上へ行くほど、電気陰性度が大きくなります。このときは、同族の上のほうが原子が小さいので、原子核の陽子数増加の影響より、原子核と共有電子対の距離が短くなる影響が強くなり、原子核が共有電子対を引きつけやすくなるからです。つまり、電気陰性度は、周期表で右へ行くほど大きく、また下から上に行くほど増大します。したがって、電気陰性度が一番大きな原子はフッ素です。次に酸素、さらに同じくらいで窒素と塩素。これらは「陰性が強い」（陰イオンになりやすい）といいます。

原子の電気陰性度が小さいのは、周期表の最も左側にあるアルカリ金属です。これらは「陽性が強い」（陽イオンになりやすい）といいます。

　共有電子対は、水素分子H-Hではどちらの原子にも偏っていませんが、塩化水素分子H-Clでは電気陰性度が大きい塩素原子のほうに少し引き寄せられています。このように、共有電子対が一方の原子に偏っているとき、「結合に極性がある」といいます。

　水分子の場合は、酸素原子と水素原子の間で、より電気陰性度が大きい酸素のほうに電子が引き寄せられて極性を生じます。そして、水分子の場合は極性を表す2つのベクトル（向きと大きさを持つ）が合成されて分子全体が極性を持つ極性分子になっています。

　電気陰性度が大きい原子と小さい原子が結びつくとき、共有結合の場合は分子になっても原子間に極性が生じます。電子を引き寄せるだけでなく、相手の電子を自分のものにしたりしてイオン結合をつくったりもします。

電気陰性度が大きいと陰イオンになりやすく、小さいと陽イオンになり

序章　原子とは何か？

第1章　原子の組み替え

第2章　周期表ができるまでの化学の歴史

第3章　化学の"道案内"の地図。周期表

第4章　無機物質の世界

第5章　密度やモルなどの量と計算

第6章　酸・塩基と酸化還元

第7章　有機物の世界

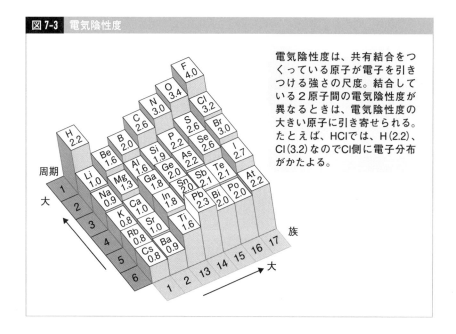

図7-3　電気陰性度

電気陰性度は、共有結合をつくっている原子が電子を引きつける強さの尺度。結合している2原子間の電気陰性度が異なるときは、電気陰性度の大きい原子に引き寄せられる。たとえば、HClでは、H（2.2）、Cl（3.2）なのでCl側に電子分布がかたよる。

やすいです。

電気陰性度から見る、炭素が有機物の中心原子となった理由

　周期表で同じ14族の元素でも、第2周期の炭素Cが有機物の主役であるのに対し、第3周期のケイ素Siは鉱物、すなわち無機物の主要な構成元素となっていて、好対照をなしています。炭素の電気陰性度は2.6であり、陽イオンにも陰イオンにもなりにくいです。

　有機物、つまり炭素化合物の骨格となる炭素-炭素間の共有結合は強いです。メタンやプロパンなどの短いものからパラフィン（ろうそくのロウの主成分）のような非常に長い鎖状の分子までつくることができます。

　また、炭素-炭素間の共有結合は単結合だけではなく、二重結合、三重結合と3種類あり、多様な分子をつくります。

　共有結合の相手は炭素原子とは限りません。酸素原子や窒素原子なども炭素原子と安定な共有結合をつくるので、有機物の骨組みをつくる構成元素になります。一般に有機化合物では、炭素原子同士が安定な共有結合をつくり、その結合にも二重結合、三重結合などの多様性があり、さらにC－O結合なども加わって大小様々な分子の骨格がつくられているのです。

　しかし、その構成元素はそれほど多くありません。

　必ず含まれる炭素と水素、および主要元素の酸素と窒素を中心として、これにハロゲン（フッ素F、塩素Cl、臭素Br、ヨウ素I）、硫黄S、リンP、ケイ素Siおよびその他の元素を含めても十数種類です。

結合の手4本で有機物の骨組みをつくる炭素原子

原子の結合の手の考え

　有機物をつくる原子を、炭素C、水素H、酸素O、窒素N、塩素Cl、ヨウ素I、硫黄Sにして結合の手をイメージしましょう。炭素原子の最外殻電子4個は、すべて不対電子です。各不対電子（孤立した1個の電子）が他の原子の不対電子と共有結合して化学結合します。そこで、炭素原子の原子価が4とします。炭素原子のまわりに4本の結合の手があるとしましょう。化学結合するとき、他の結合の手と結びつくイメージです。同様に水素原子の結合の手は1本、酸素原子は2本、窒素原子は3本、塩素原子・ヨウ素原

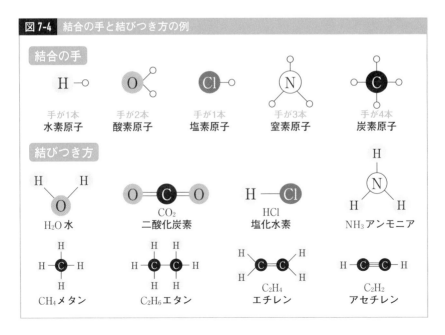

図7-4 結合の手と結びつき方の例

結合の手

H	O	Cl	N	C
手が1本	手が2本	手が1本	手が3本	手が4本
水素原子	酸素原子	塩素原子	窒素原子	炭素原子

結びつき方

H_2O 水
CO_2 二酸化炭素
HCl 塩化水素
NH_3 アンモニア
CH_4 メタン
C_2H_6 エタン
C_2H_4 エチレン
C_2H_2 アセチレン

序章　原子とは何か？

第1章　原子の組み替え

第2章　周期表ができるまでの化学の歴史

第3章　化学の"道案内の地図"周期表

第4章　無機物質の世界

第5章　密度やモルなどの量と計算

第6章　酸・塩基と酸化還元

第7章　有機物の世界

子は1本、硫黄原子は2本です。

炭素原子間が単結合で結びついた炭化水素 – アルカン

アルカンは、メタンCH_4、エタンC_2H_6、プロパンC_3H_8、ブタンC_4H_{10}など、炭素原子間が単結合の飽和炭化水素の仲間です。

最も簡単な炭化水素はメタンCH_4です。**正四面体の中心に炭素原子Cがあり、4つの頂点には水素原子Hを持っています。**メタンは天然ガスのおもな成分です。天然ガスはメタンの他にエタン、プロパンなどを含む化石燃料です。わが国では天然ガスを輸入していますが、その約3割は都市ガスの原料として、約6割は発電用燃料として使われます。

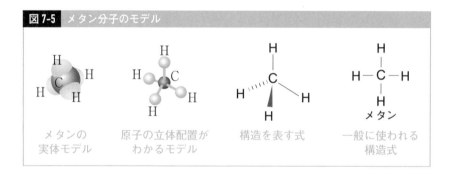

図7-5　メタン分子のモデル

メタンの実体モデル　原子の立体配置がわかるモデル　構造を表す式　一般に使われる構造式

プロパンC_3H_8は、都市ガスの供給エリアになっていない地域の家庭用燃料に使われています。ブタンC_4H_{10}は、卓上コンロ用の燃料やガスライターに使われています。プロパンやブタンは、原油を蒸留して沸点の似かよった成分に次々と分離していく分留の際に、最も低温で分離される成分です。立体構造がわかる表し方が必要な場合もあります。アミノ酸や糖などで鏡像異性体（以前は光学異性体と呼ばれていた）が問題になる場合です。しかし、立体構造は煩雑なので、各原子間の共有結合を短い線で表した平面構造式か、それを略した示性式がよく用いられています。

序章 原子とは何か？

第1章 原子の組み替え

第2章 周期表ができるまでの化学の歴史

第3章 化学の道案内の地図＝周期表

第4章 無機物質の世界

第5章 密度やモルなどの量と計算

第6章 酸・塩基と酸化還元

図 7-6　平面構造式と示性式

平面構造式

| メタン | エタン | プロパン |

示性式　　CH₄　　　　CH₃-CH₃　　　　CH₃-CH₂-CH₃

ブタン C₄H₁₀ の構造異性体

アルカンは、メタン CH_4、エタン C_2H_6、プロパン C_3H_8、ブタン C_4H_{10}…ですが、一般式は C_nH_{2n+2} になります。平面構造式を見ると、C1個の上下にそれぞれH1個、両はじにそれぞれH1個あります。H-CH₂-…-CH₂-Hから (CH_2) が n 個あるとそこに C_nH_{2n}、それに両はじのH2個を足して、C_nH_{2n+2} になります。

有機物には、分子の化学式（分子式）が同じ、つまりCやHの個数が同じなのに、構造が異なるものがあり、異性体といいます。異性体は、沸点や融点などが違う別々の物質です。たとえば、ブタン C_4H_{10} には、次の2つの異性体があります。このように構造の異なる異性体を構造異性体といいます。アルカンは炭素数が4以上になると構造異性体があります。

図 7-7　ブタンとイソブタン

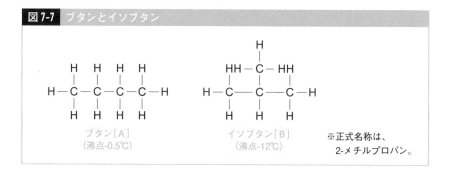

ブタン[A]
（沸点-0.5℃）

イソブタン[B]
（沸点-12℃）

※正式名称は、
2-メチルプロパン。

エチレンは鎖状の不飽和炭化水素で最も簡単な構造の物質

未熟な緑色バナナを輸入後、エチレンで熟成

　バナナは、房が未熟な緑色から、成熟するに従って黄緑色から黄色に変化し、甘くなって食べ頃になります。

　日本では植物防疫法により、黄色く熟したバナナの輸入は禁止されています。成熟したバナナには国内の農作物に害を与える寄生虫がいる可能性が高いので、まだ寄生虫がいない未熟な緑色バナナを収穫して、輸入しているのです。

　緑色のバナナを熟成用の部屋に入れ、エチレンで5〜6日間で熟成させて出荷します。エチレンがきっかけとなりバナナの成熟が進むと、含まれているデンプンが甘味成分のショ糖、ブドウ糖、果糖に変化したり、皮の色が緑色から黄色に変わったりします。

　エチレンは、バナナ以外にも、リンゴ・カキ・メロン・ナシなどの果物の成熟を促進します。

　ただし、リンゴの実からはたくさんエチレンが出てきて、成熟が行きすぎてしまうので、他の果実と一緒に保管するときには注意が必要です。

　また、エチレンは、果物の成熟以外にも、花の開花や落葉に関係しています。エチレンは植物ホルモンの一種です。

二重結合を持つ鎖状の不飽和炭化水素ーアルケン

　アルケンのうちで最も簡単なものがエチレンです。分子式（化学式）はC_2H_4で、示性式は$CH_2 = CH_2$です。

序章
原子とは何か？

第1章
原子の組み替え

第2章
周期表ができる
までの化学の歴史

第3章
化学の道案内の
地図＝周期表

第4章
無機物質の世界

第5章
密度やモルなどの
量と計算

第6章
酸・塩基と
酸化還元

第7章
有機物の世界

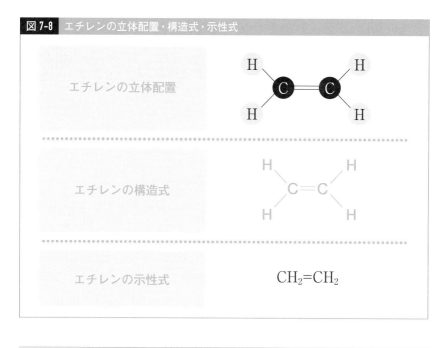

図7-8 エチレンの立体配置・構造式・示性式

エチレンの立体配置

エチレンの構造式

エチレンの示性式

$CH_2{=}CH_2$

メタンの置換反応

　置換反応は、ある原子が他の原子と置き換わる反応です。たとえば、水素原子Hも塩素原子Clも結合の手の数は1本で、簡単にHとClは置換反応が起こると思うかもしれませんが、メタンCH_4と塩素Cl_2を混ぜても反応は起こりません。紫外線をあてると、そのエネルギーでCl－Clの結合が切れて、塩素ラジカルCl・（不対電子を持った塩素原子）ができます。塩素ラジカルは不安定で反応性が高く、CH_4の1つのHをC－Hから引き離して、Hの代わりにCとCl・が結びつきます。その結果、CH_4のH1個がClに置き換わったクロロメタンCH_3Clができます。

　このときの化学反応式は次のようになります。

　$CH_4 + Cl_2 \rightarrow CH_3Cl + HCl$

　できたクロロメタンCH_3Clに塩素を混ぜ、同様に反応させるとジクロロメタンCH_2Cl_2、さらにこれと塩素を反応させるとトリクロロメタン（クロ

ロホルム）CHCl$_3$、さらにこれと塩素を反応させるとテトラクロロメタン（四塩化炭素）CCl$_4$ができます。

エチレンのように二重結合があると付加反応が起きやすい

付加反応とは、**二重結合を切断して原子や原子団を付加（追加）する反応です。**

じつは、**炭素原子間の二重結合の2本の炭素原子間の結合の1本は単結合と同じような結合ですが、もう1本は単結合より弱く切れやすい**のです。

たとえば、エチレンに臭素Br$_2$を作用させると、臭素の色が消えます。実験としては、臭素Br$_2$が溶けている臭素水は茶褐色透明液なのですが、これにエチレンを通じる（ぶくぶくさせる）と、液が無色透明になります。

このとき、臭素水中に臭素Br$_2$がなくなったからです。臭素は、二重結合のCそれぞれにBrとして結びついたのです。その結果、エチレンに臭素が付加反応して、二重結合は単結合になり、1、2－ジブロモエタンができました。

図 7-9　付加反応

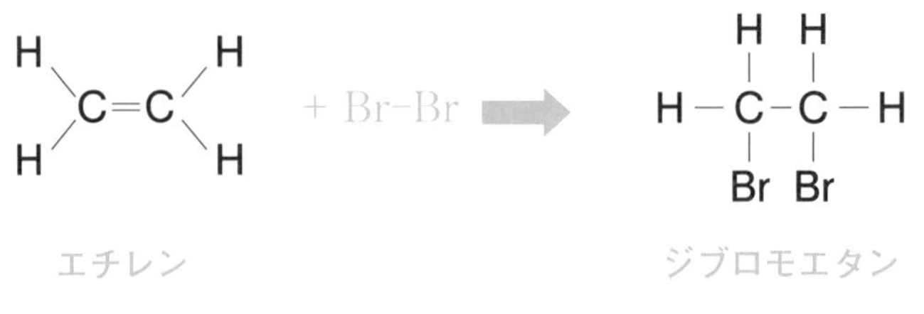

エチレン　＋ Br-Br ⟶　ジブロモエタン

エチレンは石油化学工業製品のおもな出発原料

エチレンは、原油の分留で得た物質を高温で分解して得ています。石油はエネルギー源としてだけではなく、様々な物質をつくる原料としても大変重要です。

石油化学製品には、私たちの生活に欠かせない医薬品や化学薬品、プラスチックや合成繊維、合成ゴムなどがあります。石油化学製品のほとんどがエチレンやプロピレン$CH_2 = CHCH_3$を出発原料にしています。

石油を原料とする化学工業は、20世紀後半から石炭を原料にする化学工業に代わって、有機化学工業の中心になっています。

エチレン$CH_2 = CH_2$の水素原子の1つを他の原子や原子団に置き換えると、いろいろなじみ深い物質ができます。

メチル基CH_3に置き換えたものがプロピレン$CH_2 = CHCH_3$です。塩素原子Clに置き換えたものが塩化ビニル$CH_2 = CHCl$です。CNという原子団（シアノ基）に置き換えたものがアクリロニトリル$CH_2 = CHCN$です。ベンゼン環（$-C_6H_5$）に置き換えたものがスチレン$CH_2 = CHC_6H_5$です。

序章　原子とは何か？

第1章　原子の組み替え

第2章　周期表ができるまでの化学の歴史

第3章　化学の"道案内"の地図＝周期表

第4章　無機物質の世界

第5章　密度やモルなどの量と計算

第6章　酸・塩基と酸化還元

第7章　有機物の世界

図 7-10 エチレンの一部を変えると……

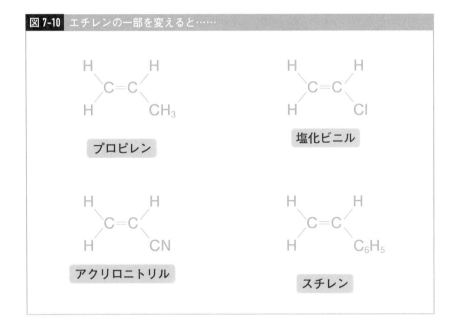

プロピレン

塩化ビニル

アクリロニトリル

スチレン

謎だったベンゼンの構造式を解明したケクレ

ベンゼン（亀の甲）の構造

　ベンゼンの仲間には芳香を持つものが多いので、ベンゼン環を持つ化合物を芳香族化合物と総称します。**ベンゼン環に水素原子だけがついたものがベンゼンです。**

　現在の電気文明の基礎を築いた電磁誘導の発見者のイギリスの科学者**ファラデー**は、鯨油を加熱してその中からベンゼンを取り出しました。19世紀初め、1825年のことでした。

　当時の照明は、鯨油を加熱して得た燃料ガスでガス灯をともしていました。ファラデーは、燃料ガスの容器にたまる液体を丹念に調べて、ベンゼンを取り出しました。

　その後、C_6H_6という分子式が決定されました。炭素数6の二重結合や三重結合を含まないアルカンのヘキサンの分子式はC_6H_{14}です。それよりも水素分子4個分（水素原子で8個分）も少ないC_6H_6の分子式は、構造式中にいくつもの二重結合を持つのが普通だと考えられました。

　しかし、たとえば、ベンゼンは二重結合に特有の臭素の付加反応などをしにくかったのです。実際、ベンゼンは他の有機物との反応性がきわめて低いので、有機溶媒の1つとして用いられています。

　この問題に挑んだ化学者の一人が、ドイツの**ケクレ**で、1865年に謎を解いたのです。

　ある日ケクレは、くつろいでいたときに、曲がってつながり合い、環をつくっている炭素の鎖が頭に浮かびました。ベンゼンの構造を、6個の炭素原子が、閉じた鎖の形になっているとしたのです。

初め建築学科で学んでいたケクレには有機物の炭素骨格の構造を視覚化する能力が備わっていたのかもしれません。

ベンゼンの構造を表すのに、よく紹介される猿の戯画があります。ケクレの記念祭典のときに、参加者に配られたカードに描かれた絵です。猿の1本の手どうしだけのが単結合を、1本の手どうしと1本の尾どうしがつながっているのが二重結合を表わしています。

ベンゼンは、現在では簡単には正六角形の中に○を描いて表します。ベンゼンでは、二重結合と単結合が絶えず入れ替わっていて、炭素と炭素間の結合が、ある瞬間は二重結合、またある瞬間は単結合になっていて、各結合が二重結合と単結合の中間的な性質の1.5重結合的な様子のようになっているという共鳴構造が提唱されました。

ベンゼンは共鳴により安定化しているので、付加反応が起こるには起こりますが、高温、高圧にする必要があります。

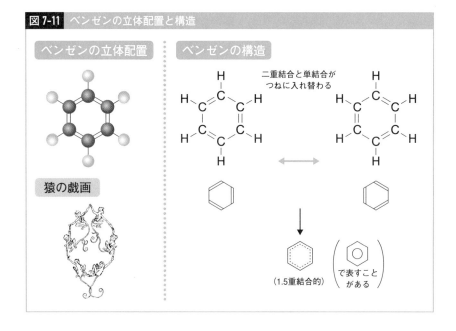

図7-11 ベンゼンの立体配置と構造

序章 原子とは何か？

第1章 原子の組み替え

第2章 周期表ができるまでの化学の歴史

第3章 化学の“道案内”の地図：周期表

第4章 無機物質の世界

第5章 密度やモルなどの量と計算

第6章 酸・塩基と酸化還元

第7章 有機物の世界

官能基からどんな性質かが だいたいわかる

有機物の性質を決める官能基

炭化水素の骨格の炭素原子に結合し、その炭化水素の性質を決める原子や原子団を官能基といいます。**官能基はどのような炭化水素の骨格に結合しても、似たようなふるまいをします。**たとえばショ糖、エタノールには共通して-OHが含まれていますが、この-OHが官能基であり、ヒドロキシ基といいます。**OH基は水との親和性がきわめて高い官能基です。**

有機物は一般的に油の仲間で、水に溶けにくいものが多いです。ところが、水と親和性が高いOH基が結合した分子では、水に溶けやすいものがあります。炭化水素の骨格は親油性を示すのに、OH基は親水性を示すので、炭化水素の骨格の炭素数が2と小さなエタノールは、どんな割合でも水に溶け合います。溶解度が無限大なのです。アルコールの仲間でも炭素数が増えると溶解度が小さくなっていきます。ショ糖の骨格には炭素が12個ありますが、分子中に8個のOH基を持つので水に溶けやすいです。カルボキシ基－COOHがあればカルボン酸の仲間です。

図 7-12 特定の反応を引き起こす官能基

ココから性質が予想できる！

化学式	名前	性質・特徴
C_2H_5OH	エタノール	中性 お酒
CH_3CHO	アセトアルデヒド	還元性 銀鏡をつくる
CH_3COOH	酢酸	弱酸性 食酢の成分
$C_2H_5OC_2H_5$	ジエチルエーテル	水に不溶 麻酔作用あり

序章　原子とは何か？

第1章　原子の組み替え

第2章　周期表ができるまでの化学の歴史

第3章　化学の道案内の地図・周期表

第4章　無機物質の世界

第5章　密度やモルなどの量と計算

第6章　酸・塩基と酸化還元

第7章　有機物の世界

図 7-13　おもな官能基

官能基の構造	官能基の名称	物質の一般名	おもな物質	おもな特徴
—OH	ヒドロキシ基	アルコール	C_2H_5OH	中性
		フェノール	C_6H_5—OH	弱酸性
—CHO / $\overset{\text{C}}{\underset{\text{O}}{\parallel}}$	ホルミル基	アルデヒド	CH_3CHO	還元性あり
	カルボニル基	ケトン	CH_3COCH_3	中性
—COOH	カルボキシ基	カルボン酸	CH_3COOH	酸性
—COO—	エステル結合	エステル	$CH_3COOC_2H_5$	芳香あり
—O—	エーテル結合	エーテル	$C_2H_5OC_2H_5$	水に不溶
—NO$_2$	ニトロ基	ニトロ化合物	C_6H_5—NO_2	黄色い物質
—NH$_2$	アミノ基	アミン	C_6H_5—NH_2	アルカリ性

醸造酒はアルコール発酵を利用

アルコールは狭くは酒類の成分エタノールを指します。

酵母などの微生物が生命活動を行ったときに、副産物としてエタノールができる場合をアルコール発酵といいます。日本酒、ビール、ワインなどの醸造酒は酵母によるアルコール発酵を利用してつくられています。

図 7-14　アルコール発酵

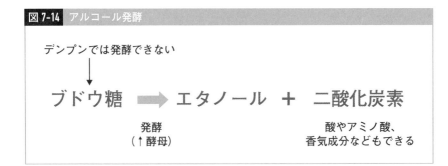

デンプンでは発酵できない

ブドウ糖 ➡ エタノール ＋ 二酸化炭素

発酵
（↑酵母）

酸やアミノ酸、
香気成分などもできる

メタノール、エタノールの性質を水と比べてみる

　アルコールは、広くはアルキル基（CとHの部分。メチル基－CH_3やエチル基－C_2H_5など）などのCにヒドロキシ基－OHが結びついたものです。アルコールの名称は、同じ炭素数のアルカンの語尾（－e）をolに変えたものです。

　　メタンCH_4　　　…　　メタノールCH_3OH

　　エタンC_2H_6　　　…　　エタノールC_2H_5OH

　　プロパンC_3H_8　…　　プロパノールC_3H_7OH

　　ブタンC_4H_{10}　　…　　ブタノールC_4H_9OH

　ヒドロキシ基－OHを持つ有機物は親水性があることを、水分子 H-O-H 中の1つの H を鎖状炭化水素基に置換して考えてみましょう。メチル基－CH_3と置換すればメタノール、エチル基－C_2H_5と置換すればエタノールです。メタノール、エタノール、プロパノールは、構造的に水分子と似ていますから、水とはどんな割合でも溶け合います。ただし、炭素数が4のブタノールは水に溶けにくく、有機溶媒によく溶けます。**炭素数10以上で炭化水素基の親油性のほうが影響は大きくなり、水に不溶になります。**

　水はナトリウム Na と激しく反応し、水酸化ナトリウムと水素になります。メタノールやエタノールは次のように反応します。

　　$2CH_3OH$　＋　　$2Na$　→　　$2CH_3ONa$　　　＋　　H_2

　　メタノール　　ナトリウム　　ナトリウムメトキシド　　水素

$$2C_2H_5OH \quad + \quad 2Na \quad \rightarrow \quad 2C_2H_5ONa \quad + \quad H_2$$

エタノール　　　ナトリウム　　　ナトリウムエトキシド　　　水素

　プロパノールやブタノールもナトリウムと反応します。そのときの反応の激しさは、水＞メタノール＞エタノール＞プロパノール＞ブタノールの順です。アルコールとナトリウムの反応は、水のヒドロキシ基－OHのHがNaと置き換わる反応です。

⬡ 水分子のHを2つとも炭化水素基に置き換えるとエーテルに

　さらに、水分子のHを2つとも、炭化水素基に置き換えてしまうとエーテルになります。エーテルにはもうOHがないので、ナトリウムとは反応しなくなります。水にも不溶です。

　ジエチルエーテル$C_2H_5OC_2H_5$は、たんにエーテルとも呼ばれ、麻酔作用があり、有機溶媒として用いられます。

　ジエチルエーテルは、エタノールに濃硫酸H_2SO_4を混ぜて140℃程度に加熱すると生じる物質です。ここでのH_2SO_4は、触媒としてはたらいています。このとき、エタノール2分子から水1分子を外して結びつく反応が起こります。このように、2つ以上の分子が、水などの簡単な分子を外して結びつく反応を縮合反応といいます。水がとれる場合は、脱水縮合反応といいます。

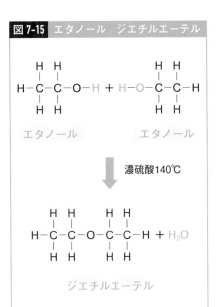

図 7-15　エタノール　ジエチルエーテル

エタノール　　　　　エタノール

濃硫酸140℃

ジエチルエーテル

序章 原子とは何か？

第1章 原子の組み替え

第2章 周期表ができるまでの化学の歴史

第3章 化学の"道案内"の地図。周期表

第4章 無機物質の世界

第5章 密度やモルなどの量と計算

第6章 酸・塩基と酸化還元

第7章 有機物の世界

酔いも二日酔いも
エタノールのしわざ

有機反応の1つ、酸化反応で酔いと二日酔いを考える

　有機反応における酸化反応は、酸素が結びつくか、または水素が離れるかのどちらかです。酸化反応（脱水素反応）は、酒を飲んだときに人間の体内で起こります。そこで、酒に強い上戸と酒に弱い下戸がいることを化学的に考えてみます。体内に入ったエタノールは、おもに胃や十二指腸ですぐに吸収されて血液に入り、肝臓に送られます。肝細胞で、エタノールはアルコール脱水素酵素のはたらきによりアセトアルデヒドに酸化されます。このときエタノールから2つの水素原子が取り去られています。

　アセトアルデヒド CH_3CHO は、アセトアルデヒド脱水素酵素のはたらきでさらに酸化され（酸素原子が1個結びついて）、酢酸 CH_3COOH になります。酢酸は血液に送り込まれて筋肉などで水と二酸化炭素に分解され、多量のエネルギーを体外へ出すため、体がポカポカと温まります。

　アセトアルデヒドは毒性が強く、顔面紅潮、頭痛、吐き気などの不快症状を引き起こします。いわゆる悪酔いや二日酔いです。これらの症状は、血液中からアセトアルデヒドがなくなると消えます。人間は処理のほとんどをアセトアルデヒド脱水素酵素一型と二型で行います。二型は血中のアセトアルデヒド濃度が低いときにはたらく酵素で、短時間でパワフルに作用します。上戸も下戸も、酔い具合が同じなら、血中エタノール濃度はほぼ同じです。上戸も下戸も、神経がエタノールに耐える濃度は変わらないのです。ただ下戸は同じ量を飲んでも体内のエタノール濃度がすぐに増加するのです。**上戸と下戸の違いは、エタノールを酸化して分解するはたらきに大きな個人差があるからで、上戸は肝臓機能が強い人ともいえます。**

序章 原子とは何か？

第1章 原子の組み替え

第2章 周期表ができるまでの化学の歴史

第3章 化学の"道案内"の地図＝周期表

第4章 無機物質の世界

第5章 密度やモルなどの量と計算

第6章 酸・塩基と酸化還元

第7章 有機物の世界

遺伝的に、日本人の約40％は二型の活性を持っておらず、活性がない人は、ある人に比べて同じ量の酒を飲んでも血中のアセトアルデヒド濃度が10倍以上も高くなるといわれています。その結果、悪酔いや二日酔いが強く現れるといえます。一方、白人や黒人はみな二型をもっているそうです。悪酔いや二日酔いは、アセトアルデヒドが引き起こします。血中のアセトアルデヒドを素早く分解できるアセトアルデヒド脱水素酵素二型の活性を持っていない人は過度な飲酒に要注意です。

仮にメタノール CH_3OH を間違えて飲むと、メタノールがアルコール脱水素酵素によりホルムアルデヒド $HCHO$、さらにギ酸 $HCOOH$ という有毒性の高い物質に変わります。網膜にアルコール脱水素酵素がたくさんあり、ギ酸などで視神経がやられて失明したり、視力が下がったりします。ギ酸は、細胞が酸素を利用するうえで必須の酵素（チトクロム酸化酵素）のはたらきを阻害します。特に視神経は大量の酸素が必要なため、ある一定量以上のメタノールを摂取すると、まず目に異常が現れるのです。

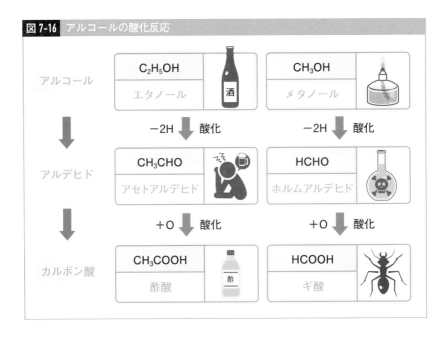

図 7-16 アルコールの酸化反応

高分子化合物は、まずエチレンからポリエチレンの付加重合を理解

プラスチックとは可塑性のある有機高分子化合物のこと

プラスチック（合成樹脂）は、「軽い」「扱いやすい」「腐食しにくい」「大量生産できる」「安価である」「電気や熱を伝えにくい」などの性質があります。また、熱や力を加えていろいろな形に自由に成形できます。**プラスチックが様々な産業で有用な材料として使われているのは、目的や用途に合わせ、自由に設計・製造ができる材料だからといえます。**

熱や力を加えていろいろな形に成形できる性質を可塑性といいます。プラスチックは、ギリシア語の「プラスティコス」（成長する、発達する、形づくるという意味）から来た言葉で可塑性のあるものを指します。

低分子と高分子

では、高分子は低分子と比べて分子量にどの程度の違いがあるのでしょうか。水など小さな分子を低分子、タンパク質やデンプンのような非常に大きな分子を高分子といいます。高分子は、原子が数千個もつながった巨大な分子です。**低分子と高分子は、一般に分子量の大きさで区別します。**水H_2Oの分子量は18ですが、高分子は数万から数百万になります。

モノマーとポリマー

高分子化合物は、ポリマーとも呼ばれています。ポリバケツの"ポリ"と同じで、英語で「多くの」という意味です。**多くの高分子化合物は、鎖のような細長い分子で、1つ1つの鎖の輪にあたる構造単位が存在します。**

ゼム・クリップを1つのモノマーにたとえてみましょう。1つ、さらにも

序章
原子とは何か？

第1章
原子の組み替え

第2章
周期表ができる
までの化学の歴史

第3章
化学の"道案内の
地図" 周期表

第4章
無機物質の世界

第5章
密度やモルなどの
量と計算

第6章
酸・塩基と
酸化還元

う1つと、クリップをつなげていくと、クリップの鎖ができます。このモノマーの鎖が何千、何万、あるいはもっとたくさんつながると、ポリマーができます。天然のポリマーには、デンプン、セルロース、羊毛（ケラチン）、ゴムがあります。**プラスチックは人間がつくりだしたポリマーです。**

付加重合と縮合重合

モノマーを次々につなげて、ポリマーとすることを重合といいます。

付加重合は、モノマーが左右に結合の手を出し、次々とつながっていく反応です。縮合重合は、2種類のモノマーの間で、水分子のような簡単な分子がとれながら、次々とつながっていく反応です。**モノマーの性質は、反応物の種類や炭素原子同士の結びつき方によって決まります。**たとえば、熱を加えるとやわらかくなり、それを冷やすと硬くなるようなプラスチック（熱可塑性樹脂）や加熱前は柔らかいが、一度熱が加わると変形しなくなるようなプラスチック（熱硬化性樹脂）があります。

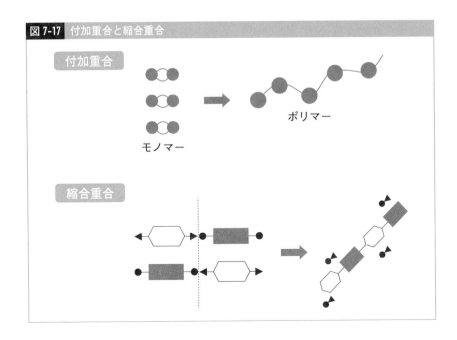

図 7-17 付加重合と縮合重合

付加重合

ポリマー

モノマー

縮合重合

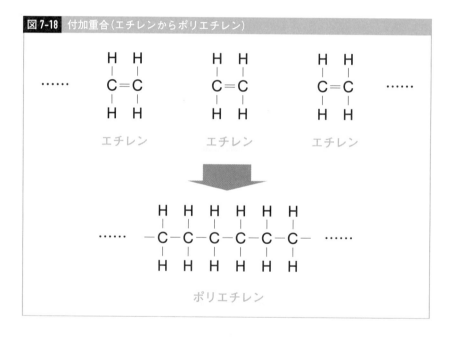

エチレンからポリエチレンへ

　エチレンはうまい触媒があれば、エチレン分子の二重結合のうちの1つが開き、隣のエチレン分子との間に新しい結合をつくります。

　そうすると、また二重結合が開き、次のエチレン分子に結合の手を伸ばします。

　こうして、次々と付加反応をしていきます。**エチレン（モノマー）からポリエチレン（ポリマー）ができる反応は、付加重合です。**

図 7-18　付加重合（エチレンからポリエチレン）

　この反応（付加重合）の化学反応式は、右上の図のようになります。

　[ ]nのnは [ ] 内の構造がn個連なっていることを表しています。

　じつは、ポリエチレンには密度が0.91〜0.94 g/cm^{3}未満の低密度ポリエチレンと密度が0.94 g/cm^{3}以上の高密度ポリエチレンがあります。低密度ポリエチレンは結晶領域が少なく密度が低いため透明でやわらかいので、ポリ袋やフィルムなど薄いものに使われます。

序章 原子とは何か？

第1章 原子の組み替え

第2章 周期表ができるまでの化学の歴史

第3章 化学の・道案内の地図／周期表

第4章 無機物質の世界

第5章 密度やモルなどの量と計算

第6章 酸・塩基と酸化還元

図 7-19 付加重合の化学反応式

$$n\,CH_2=CH_2 \implies [CH_2-CH_2]_n$$

付加重合

一方、高密度ポリエチレンは結晶領域が大きく密度が高いため、半透明で硬いので、ポリ容器など軽くて硬い容器に使われます。

低密度ポリエチレンは、高圧法ポリエチレンともいわれ、エチレンを高温かつ1000気圧以上の高圧で重合してつくります。

高密度ポリエチレンは、低圧法ポリエチレンともいわれ、チーグラー触媒（トリエチルアルミニウムと四塩化チタン）を用いることにより、ふつうの温度近くで数気圧という低圧でつくります。

エチレンの仲間たちからモノマーをつくる

ここで、241ページで学んだ、エチレン$CH_2=CH_2$の水素原子の1つを他の原子や原子団に置き換えたエチレンの仲間たちに登場願いましょう。

プロピレン$CH_2=CHCH_3$、塩化ビニル$CH_2=CHCl$、アクリロニトリル$CH_2=CHCN$、スチレン$CH_2=CHC_6H_5$です。

これらは、ビニル基を持っています。**ビニル基とは、エチレンから水素を1個取り去った$H_2C=CH-$という構造を持つ基です。これらは、エチレンと同じような付加重合をします**。できるのは、ポリプロピレン、ポリ塩化ビニル、ポリアクリロニトリル（アクリル繊維）、ポリスチレン（発泡スチロール）といったポリビニル系高分子化合物です。

図 7-20　ポリビニル系高分子化合物

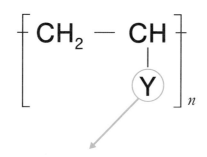

Hだと、ポリエチレン

CH₃だと、ポリプロピレン

Clだと、ポリ塩化ビニル

CNだと、ポリアクリロニトリル

C₆H₅だと、ポリスチレン

PETボトルのPETとはポリエチレンテレフタラートのこと

　PETとは、PolyEthylene Terephthalate の頭文字をとったものです。テレフタル酸とエチレングリコールから水がとれる縮合重合でできます。本書ではPETを扱いませんでしたが、エステル結合をたくさん持っているのでポリエステルと呼ばれます。合成樹脂にも合成繊維にも用いられています。

おわりに

　本書は、高校生だけではなく日常生活やビジネスで必要に迫られて化学を学び直そうとする人たちに向けたものです。

　私たちは、化学と化学工業に関連した製品、物質に囲まれて生活しています。それなのに、高校で化学を学んだとしても、時とともにどんどん学んだ知識を忘れてしまっているのが普通です。そんな人でも、化学の知識をもっとリアリティをもって学び直せる本を目指しました。高校化学レベルを「あれも・これも」ではなく、「これだけは」と大胆な精選をして、化学の土台をしっかり固めながら基本から学んでいけるようにと考えたのです。先人たちが切り開いてきた化学の歴史も重視しました。

　私は、工業高等学校工業化学科に進学。そこでたくさんの化学の実験実習と、理論的で暗記はしなくていい「物理化学」という科目に興味をもち、以後、学部や大学院で物理化学を専攻し、理科・化学の教員になりました。

　教員になったとき、理論と実験を通して物質の世界を楽しむ授業を進めました。そんな私のこれまでの長い中学理科・高校化学教員経験、中学理科化学分野や高校化学教科書の執筆者・編集委員経験、大学で基礎化学を教えた経験をもとにして執筆しました。

　内容のレベルは高校「化学基礎」を意識しましたが、ときには中学理科レベルからはじめ、さらに「ストーリー」を重視した展開を心がけました。仕事や学業に活かそうとすると、個々ばらばらな学びではなく、系統的に学んだほうがずっと有効だと考えたからです。

　最後になりますが、本書の原稿について、『RikaTan（理科の探検）』誌委員有志（井上貫之・折霜文男・久米宗男・小沼順子・坂元新・相馬惠子・高野裕恵・谷本泰正・仲島浩紀・平賀章三）のみなさんに要修正箇所の指摘をいただきました。記して感謝申し上げます。

2022年12月

左巻健男

著者プロフィール

左巻健男（さまき・たけお）

1949年、栃木県生まれ。千葉大学教育学部理科専攻卒。東京学芸大学大学院教育学研究科修士課程理科教育専攻物理化学講座修了。専門は理科教育。東京大学教育学部附属中学校・高等学校教諭、京都工芸繊維大学教授、同志社女子大学教授、法政大学教授などを歴任。現在、東京大学非常勤講師。『RikaTan（理科の探検）』編集長。著書は『面白くて眠れなくなる化学』『怖くて眠れなくなる化学』『新版　面白くて眠れなくなる元素』（PHP研究所）、『身近な科学が人に教えられるほどよくわかる本』（SBクリエイティブ）、『絶対に面白い化学入門 世界史は化学でできている』（ダイヤモンド社）など多数。

一度読んだら絶対に忘れない
化学の教科書

2023年1月3日　初版第1刷発行
2024年8月8日　初版第7刷発行

著　者	左巻健男
発行者	出井貴完
発行所	SBクリエイティブ株式会社
	〒105-0001　東京都港区虎ノ門2-2-1

装　丁	西垂水敦（krran）
本文デザイン	斎藤 充（クロロス）
本文DTP・図版	クニメディア
編集担当	鯨岡純一
印刷・製本	三松堂株式会社

本書をお読みになったご意見・ご感想を
下記URL、またはQRコードよりお寄せください。
https://isbn2.sbcr.jp/17479/

落丁本、乱丁本は小社営業部にてお取り替えいたします。
定価はカバーに記載されております。
本書の内容に関するご質問等は、小社学芸書籍編集部まで
必ず書面にてご連絡いただきますようお願いいたします。

©Takeo Samaki 2023 Printed in Japan
ISBN 978-4-8156-1747-9